做个 会说话 会办事 会赚钱 的女人

孙溪岩 ◎ 编著

ZUOGE HUISHUOHUA HUIBANSHI HUIZHUANQIAN DE NÜREN

吉林文史出版社
JILINWENSHICHUBANSHE

图书在版编目（CIP）数据

做个会说话会办事会赚钱的女人 / 孙溪岩编著 . ——
长春 : 吉林文史出版社 , 2018.8（2024.7 重印）
ISBN 978-7-5472-5316-8

Ⅰ . ①做… Ⅱ . ①孙… Ⅲ . ①女性－成功心理－通俗
读物 Ⅳ . ① B848.4-49

中国版本图书馆 CIP 数据核字 (2018) 第 186738 号

做个会说话会办事会赚钱的女人
ZUOGE HUISHUOHUA HUIBANSHI HUIZHUANQIAN DE NÜREN

书　　名：做个会说话会办事会赚钱的女人
编　　著：孙溪岩
责任编辑：程　明
封面设计：冬　凡
文字编辑：申艳芝
美术编辑：武有菊
出版发行：吉林文史出版社
电　　话：0431-81629369
地　　址：长春市福祉大路 5788 号
邮　　编：130021
网　　址：www.jlws.com.cn
印　　刷：三河市燕春印务有限公司
开　　本：145mm×210mm　1/32
印　　张：8 印张
字　　数：180 千字
印　　次：2018 年 8 月第 1 版　2024 年 7 月第 10 次印刷
书　　号：ISBN 978-7-5472-5316-8
定　　价：36.00 元

　　每个女人都希望过得幸福，获得成功，但为什么起点看起来没有什么差别的女人，若干年后结果却大不相同？有人感叹人生无常，有人感慨境遇弄人，也有人归咎于自己没有好运气。其实这些都不能成为理由，之所以会有这种差别，大多还是和说话、办事、赚钱的方式方法有关。把每句话说到人的心坎儿里，把事情办得妥妥帖帖，有独立的经济实力，才能达到自如和优雅的境界，幸福与成功才会光临。这种说话、办事、赚钱的本领并非来自天赋，而是需要女人独特的敏感和悟性，需要在生活中不断地总结、思考，把它们与自己的生活融会贯通。掌握了说话、办事、赚钱的技巧，也就掌握了幸福、成功的金钥匙，必将拥有惬意、和谐、快乐和幸福的人生。

　　我国著名散文家朱自清说："人生不外言动，除了动就只有言，所谓人情世故，一半是在说话里。"女人的声音本就有种特殊的磁场，如果加上适当的说话技巧，很容易便能吸引他人的目光；况且，一个能够流利表达自己内心所思所想的女人，必定有着清晰的思路和严谨的思维方式。能说，不是伶牙俐齿、问一答十，而是通过语言与人交流，让陌生人变成好朋友，好朋友变成相互支持和理解的知音。这就像在《红楼梦》里，黛玉的话又尖又俏，常常让人无以回答。可除了多情公子贾宝玉，黛玉在偌大的荣国府里，却没有几个真正能关照自己的贴心人。宝钗却不同，在任何场合，她都不会逞口舌之利，但每一次开口都恰到好处。你可以喜欢黛玉，但是为了让自己更好地融入社会，也为了让自己的命运更顺畅一些，就必须向宝钗学习。

无论何时，无论何人，都不能不面对一个现实，那就是作为社会的一个成员，我们与钱密不可分。无论愿意与否，我们都需要和钱打交道。也正因为如此，女人需要给自己积累一笔财富，才能在面对任何突发情况时都能从容自若地露出自信的微笑。

一直以来，不少女人都缺乏财富观念，每到月底就捉襟见肘、节衣缩食，成为名副其实的"月光女神"。作为现代新女性，必须得会赚钱，要提早谋划，多动些脑筋，多花点儿心思，让自己成为不为钱发愁的新"财女"。女性在赚钱方面有着得天独厚的优势，坚忍、细心、直觉和天生的交际能力都是女人赚钱的法宝。运用这些优势在职场、商界中找到适合自己的位置，不断完善自己，在赚钱路上就会更加成熟，财富之门便会敞开。

本书以女性独特的视角，将女性在工作、生活中说话、办事、赚钱的智慧娓娓道来，并结合生动的故事，让女性在阅读中，轻松愉快地学到说话艺术、办事技巧、赚钱方法。会说话、会办事、会赚钱的女人能将亲情、友情、爱情、金钱全都牢牢握在手中，享受最完整、最美丽的生命状态，做一个幸福的女人！这样的女人，就是未来的你。

目 录

上篇 会说话

第一章 口吐莲花，会说话的女人惹人爱

第二章 能言善道，女人的口才练出来

第三章 巧言慧语，聪明女人因口才加分

第四章　心中有尺，智慧女人嘴上有分寸

中篇　会办事

第一章　有礼有节，淑女办事先知礼

下篇　会赚钱

第二章　"拿下"职场，是你钱包鼓起来的关键

第三章　遍地开花，女人八小时外也赚钱

第四章　智慧投资，理财知识助你做"财女"

上篇
会说话

第一章

口吐莲花，会说话的女人惹人爱

说话时要保持微笑

人在什么时候最有魅力呢？在微笑的时候。一个热爱生活的人，一个积极向上的人，微笑是他显露最多的表情。山德士的打扮是肯德基独一无二的注册商标，人们一看到他的标志，就会自然想起肯德基。为此，山德士说过："我的微笑就是最好的商标。"

彼得·泰格是一位著名的演说家和交流高手，他曾经说过："就连最懒惰的人，也懂得微笑。因为他知道，微笑比皱眉牵动的肌肉要少得多。"在人际交往中，微笑是最美丽也最容易的表情。所以，应该让微笑成为一种习惯，不要让死板严肃的表情成为你成功道路上的障碍。

　　微笑，蕴含着丰富的含义，传递着动人的情感。怪不得有位哲人曾说：微笑是人类最美的表情。在人际交往中，我们需要微笑。微笑是一种令人愉快的表情，表达一种热情而积极的处世态度。

　　对于一个人来说，真正的风度并不仅仅全部表现在穿着打扮、举止言行上，有的人尽管一身名牌，但是他对职业的冷漠、僵硬的表情、伪装牵强的笑容却让人反感；有的人尽管一介布衣，但是他流露出源自心灵真实的笑容，你反而觉得他有亲和力和风度。

　　人类与其他生物的区别之一就是人类之间有复杂的感情，而微笑则是感情表达最直接的方式之一。微笑意味着友好和赞赏，能给双方都带来愉悦。甚至在抱怨批评的时候，你如果也能微笑着，就会使对方感觉到温馨和诚恳。对他人笑脸相迎，他人也必定给你相应的回报，每天看到的都是笑脸，怎么会没有好心情！

　　陌生的人如果微笑以对，会使你们更融洽。人类社会每天进行着许多的社会活动，其中大部分是人与人的接触交流，如果每个人都能使用好微笑，那么人与人之间的交流就会变得更美好轻松。

　　小张的对门搬过来一个漂亮的姑娘。每天上楼，小张都会碰上她。小张是个很外向的人，很想跟她打招呼，但又怕自讨没趣——小张觉得美女一般都是高傲的。有一天，正好小张下去买烟，下楼时遇见姑娘了，这下不打招呼是说不过去了。小张刚下定决心，但一看她板着脸冷冰冰的模样，又犹豫了。思忖半天，小张终于硬着头皮对她微笑着点了点头。没想到，姑娘马上回应了。后来小张才知道，其实她也很想认识他，只是怕遭拒绝罢了。再后来，小张和姑娘相处得很不错，彼此很庆幸多了个好邻居。

原来，一个微笑就可以拉近两颗心的距离

笑容就是你最好的名片。微笑表达的意思就是我喜欢你，我很高兴见到你，你让我开心。所以，不要吝惜你的笑容，从现在开始，以微笑来招呼你的朋友，以微笑来面对你的人生。

陌生的人如果微笑以对，会使你们相处融洽。人类社会每天进行着许多的社会活动，其中大部分是人与人的接触交流，如果微笑这种好的方式每个人都运用得很好，能将其作为润滑剂，那么就能使整个社会机器磨合运转得很好。

你的笑容就是你最好的名片。你的笑容能照亮所有看到它的人。笑容使你显得高贵自信、大方热情、值得信赖，让人觉得和你交流是愉快的，你对他是尊重的。

在求别人帮忙时当然一定要微笑，谁也不喜欢绷着老脸的人来求这儿求那儿的。这个微笑是在告诉别人你的友善，告诉你对他的信任；向别人道歉时也一定要微笑，这个微笑是要表明你的友好，表明你的真诚。

微笑自然也有许多要领。之所以叫作微笑，就是说明它在量和度上都同大笑、狂笑有很大不同。该微笑时一定不要笑得很大声，嘴自然也不能张得很大。不露齿白，才恰到好处。而且尤为重要的是微笑的度一定要把握好，否则善意的微笑就可能变成嘲笑。

如果你花很多钱买了许多珠宝服饰，只是为了使人对你友好，或者使自己更迷人，那还不如微笑有用。因为微笑更能赢得他人的友好，但它不花你一分钱！从这个方面说，真诚的微笑价值 100 万美元。

所以，从现在开始，马上去做，以微笑来招呼你的朋友，以微笑来面对你的人生。

巧言妙语化解尴尬

与陌生人相处，突发事件时有发生，处理不好就会导致尴尬，这时，运用口才能四两拨千斤，收到意想不到的好效果。

一年夏天，我国乒乓球教练员蔡振华和运动员王涛、孔令辉、邓亚萍等国手，风尘仆仆来到国家体委的定点扶贫县——山西省繁峙县捐资助教。在为大营中学捐款的仪式上，世界冠军邓亚萍坐的板凳突然被压断，邓亚萍重重地摔在地上，顿时窘得两颊通红。

眼疾口快的姜新文急忙上前扶起邓亚萍，风趣地说："你放心，这次捐的款咱们先买凳子。"一句话把在场的国家体委领导、运动员和地方官员都逗笑了，因为他把国家体委捐资助教这一义举与邓亚萍"坐的破板凳"有机地联系起来，使在场的人都有一种感同身受的体会，难怪连一向不苟言笑的邓亚萍也发出了开心的笑声。

尴尬的场面在生活中会经常碰到，因此，要学会征服尴尬。面对尴尬局面，只要你积极参加社交、不禁锢自己、增强应变能力，应付尴尬局面并不难。

1. 用幽默化解尴尬

在人际交往中，幽默就像湿润的细雨，可以冲淡紧张的气氛，缩短彼此间的距离，也是破除尴尬的良方。

古希腊著名哲学家苏格拉底是出了名的"妻管严"，他的太太十分厉害。有一次，苏格拉底的好友到他家做客，刚吃完饭，那位朋友还没走，苏格拉底的妻子就当着那位朋友的面要求苏格拉底帮她倒洗脚水。苏格拉底觉得很扫面子，就执意不肯。于是，他的妻子就非常生气地跟他大吵大闹。为免生事端，苏格拉底就和他的朋友一起离开家门，并下楼去，当他们刚走出楼门口时，他妻子突然将那盆洗脚水泼到了他的身上。场面十分尴尬，可苏格拉底却笑着说道："我早就知道，打雷过后一定要下雨。"妻子和朋友不由得哈哈大笑起来。

一句幽默，轻松化解了当时的窘境，换来了妻子和朋友爽朗的笑声。

2. 从对方的话里找线索，举一反三

如果对方的话让你陷入尴尬，你不妨从他的话里举一反三，寻找答案。

一次电影节上，刘德华被安排与韩国实力明星安圣基举行了观众见面会。有媒体提问，刘德华现在不光拍电影，还转型幕后做老板，安圣基有没有这个意向。安圣基"滑头"地说自己拍电影很多年，伟大的形象早已树立，不会学刘德华，而是想好好接着拍电影，成为韩国电影界的楷模。

突然，他反问刘德华："我在韩国已经是楷模了，你在中国有怎样的地位呢？"

刘德华有一瞬间的惊讶，不过反应敏捷的他立刻回答说："你确实是楷模了，但咱俩差不多，我是劳模。中国电影人都会像我一样勤奋，做个劳动的模范。"

在众多的媒体和观众面前，安圣基的问话令刘德华陷入尴尬的境地。倘若他也说自己是楷模，只会给媒体留下骄傲自大的印象，但假若说自己只是个"泛泛之辈"，又未免显得过谦，于是他拿自己和安圣基做比较，承认对方是"楷模"，接着话锋一转，说自己是"劳模"，巧妙地化尴尬于无形，寥寥数语就道出了自己事业屹立不倒的秘诀——勤奋，又让观众和媒体被他的睿智所折服。

3. 自我解嘲

自我解嘲是一种口才利器，能转移注意，增添情趣，对于化解尴尬更是有奇效。

一次化学课，因为老师生病，一位年轻的实习老师来临时代课。学生们不大安分守己，有看小说的，有趴在桌子上睡觉的，有悄悄地塞上耳机听 MP3 的。

年轻的老师见怪不怪，仍然不紧不慢地讲着课。课讲到一半，老师一时兴起，准备板书一个公式，却不料被讲台绊了一下，差点儿摔倒。结果全班同学一下子找到了爆发点，哄堂大笑。讲台上的老师无可奈何地摇摇头，等大家笑过之后，他自嘲了一句："今天来给咱们班代课，没想到连这讲台也欺生。"学生们又一次大笑，笑过之后，教室里竟然慢慢地安静下来，后面的课堂纪律出奇地好。

其实，这位年轻的实习老师很聪明，他很会打圆场。那句自嘲的话，虽然直指欺生的讲台，可是学生们不会不明白话中隐含的批评吧。你瞧，老师一句半开玩笑的话，既解除了尴尬，又巧妙地整顿了课堂纪律。这样做，比发一通火学生加倍起哄要理智、高明多了，效果也好多了。看来抓住时机，借自我调侃来化解尴尬，往往会收到意想不到的效果。

当然，消除尴尬有时还可以采用转移目标、把话题岔开、装傻不知等方法。这就需要你在日常生活中多加揣摩和实践了。

说服别人并非难事

没有永远的朋友，只有永远的利益。如果晓之以理、动之以情的说服方法行不通的时候，你唯一能依靠的就只有以"利"来说服人了。

在生活中，女性常用晓之以理、动之以情的方法来说服他人。但事实证明，有时情不一定能打动人，理也不一定能说服人。此时，就要想到以利服人——对方之所以不答应，无非是为了某种利益，只要将其中的利益说开了，对方的心理防线也就很容易松弛了。

柴田和子，日本保险推销员，世界顶尖的女销售员，她就是通过站在客户的立场为他们考虑，阐明利害关系，从而达到推销的目的。

有一个星期六，柴田和子去拜访一位准客户，这位先生是汽车销售公司的部门经理，他觉得买保险是杞人忧天的懦夫所为。

柴田和子对这位经理说："先生，你是从事汽车销售工作的，一定熟悉交通情况吧，那请教你一个问题，你开车上班或兜风，是不是一路都是绿灯？"

"这个不一定，有时难免有红灯。"

"遇到红灯，你会做什么？"

"停下来等待绿灯。"

"对呀，人生有高峰，也有低谷，有时黄灯，有时红灯，因此你也需要稍停脚步，重新认真思考一下自己的人生。你说对吗？"

这位经理频频点头，柴田看着经理，微笑着对他说："人生到处潜伏着难以察觉无法预料的危机，人总是认为自己会一路顺风。可是，为什么我们常常看到，道路旁堆着一辆辆撞得七零八碎、面目全非的肇事车辆？人生路上危机四伏，绝不能掉以轻心。

"但是请你理解，红灯是上天给我们的人生转折点。我现在为的是一点点微薄的佣金，却耗费如此长的时间跟你讲解。你买保险，我赚到佣金，我感谢你，但是将来理赔的保险金额却是支付给你的家人的，是你家人的福分。

"你投不投保对我没什么关系，但是能否挑选一位有能力的保险营销人员来为你规划晚年生活，可是会影响着你的人生方向，因此，请让我为你规划终身保障。"

柴田和子的"红灯话术"最后打动了汽车销售经理，他为自己和全家投了巨额的保险。

那么，在生活中，女人应该如何利用口才和技巧去说服别人呢？说到底，还是一个"利"字，只要对自己有利的事，人们都会去做。你要去做的，就是站在他人的立场，帮助别人发现他的利益，然后恰当地表现出来。

1. 说明"不这么做的"后果，以利益来制约他

"直陈后果，以利制人"的方法，就是直接告知被说服者，不接受劝说，就会失去某种"利"，从而以一种强制性和不可抗拒性使对方接受。

2. 分析利弊，让对方权衡

直陈后果固然可以强制人服从，但它只适用于那些比较顽固不化的人身上，对于大多数人来说，还是要使其心服，主动听从说服者的意见。这就需要说服者从"利""害"两个方面阐明利弊得失，通过利与害的对比，清楚明白地分析出何为轻何为重，向被说服者指出如何做更有利，更易于被说服者接受合理的意见和主张。

3. 结合情理，以利动人

有时候，单纯的"利"难免给人以贪利庸俗之嫌，最好是在对被说服者利益尊重和认同的基础上，将利与情理有机结合起来论事说理，说明利害。

著名体操运动员李宁，在退役时面临很多的选择：广西体委副主任职位；年薪百万美元的外国国家队教练；演艺界力邀李宁加盟；健力宝公司也有招募之意。

李宁举棋未定，于是健力宝公司总裁李经纬再次面见李宁。李经纬先谈起一个美国运动员退役后替一家鞋业公司做广告，赚钱后自己开公司，用自己的名字命名公司和鞋的牌子，最后获得成功的故事。

李宁听完后，若有所思。

接着，李经纬从李宁想办体操学校的理想入手，继续分析："要

是你想靠国家拨款资助，不是不可以，但许多事情不好解决。与其向国家伸手，不如自己开辟路子。我认为你最好先搞实业，就搞李宁牌运动服吧。赚了钱，有经济实力，别说你想办一所体操学校，就是办10所也不在话下。"这番话使李宁为之一动。

见时机已经成熟，李经纬提出："请你考虑一下，是不是到健力宝来？我相信只要我们携手合作，绝对不会是1+1=2这样简单的算术。从另一个角度说，就目前，恐怕也只有健力宝能帮助你实现这个理想。我那时创业，走了不少弯路，你不应该也不至于从零开始吧，那实在太难。你到健力宝来，我们是基于友情而合作，健力宝也需要你这样的人。"

面对李经纬的热情、诚恳和一次极好的发展机会，李宁终于决定到健力宝去。

李经纬劝说李宁时，突出地表现了对李宁切身利益的关注，论证了李宁到健力宝公司的有利性，同时又充分表现了朋友般的拳拳之情，非常有人情味，从而打动了李宁，也实现了自己的劝说目的。

说话大度是种美德

在与人交往的生活里，从谈吐之中，往往能直接反映出一个人的涵养、素质是傲慢还是谦逊，是宽容还是心胸狭窄。

丁玲是我国现代著名女作家。这位饱经坎坷的著名女作家，为人十分乐观，处世豁达大度，同时也是一位说话高手。下面有两个关于她的故事，可以说明这一点。

某年夏季，作家们去我国一处避暑胜地旅游，正在大厅休息。

有位当地人模样的中年妇女匆匆赶来，态度十分热情。她看到一位白发老太太独自坐在一旁，便过去殷勤倒茶，招呼叙话。她先是主动自我介绍，说是跟着爱人一起调来此地，被安置在作家协会工作，接着笑问："老同志是陪同外国朋友一起从北京来的？"

老太太含笑点头："是的。"

女主人："尊姓？"

老太太："我姓丁。"

女主人："大名呢？"

老太太："我叫丁玲。"

女主人略带歉意表示不熟悉："喔，丁玲同志，在哪个部门工作？"

老太太未免一愣："啊……"

女主人笑："在中国作家协会工作的吧？"

老太太笑笑："哎。"

女主人更亲近了："写过什么作品没有？"

老太太和蔼可亲："过去写过一些……"

女主人："现在呢？"

"现在……"老太太笑，"嘿嘿，没有写什么……"

"嘿嘿嘿……"女主人表示作为知己，格外高兴："我跟您一样，也没有写什么，在作家协会吃大锅饭，嘿嘿……混混日子，也蛮清闲的，你说呢……哈哈哈……"

老太太："嘿嘿嘿……"

丁玲作为一位知名作家，不但没有对别人表示不认识自己感到不愉快，反而将计就计，寥寥数语，就拉近了与女主人之间的距离。这个故事，不但体现了丁玲的低调内敛，更展示了一位说话高手的大度风范。

1984 年 4 月 27 日，中国妇女界的代表们齐聚人民大会堂宴会厅，在这里举行酒会，欢迎陪同里根总统访华的南希·里根夫人。作为文艺界的代表，丁玲也应邀出席了。

席间，美国大使馆的一位女士不知道为什么，忽然用不熟练的汉语问身旁的丁玲：

"我想请教一下，'丁玲'和'定陵'有什么关系？"

对这个莫名其妙的提问，周围的人有的感到愕然，有的露出不满的神色。人们都有点儿紧张地望着丁玲，不知她如何回答。

只见丁玲大度地一笑："有关系呀。定陵是坟墓，我们这些人最终都要走向坟墓。"

提问题的美国女士惊叫起来："啊，这可是两个世界。这个世界充满欢乐，而那个世界是谁都不愿意去的地方。"

丁玲仍然微笑着："在这个世界里也有不愉快的事，也会有烦恼，但那个世界却是谁也逃不掉的。"

周围的人听后都大笑起来，宴会的气氛仍然是那么欢快，和谐。

丁玲的大度、风趣幽默，很是让人敬佩。她那诚恳的待人态度、洒脱的仪表礼节，有种让人乐于亲近的魅力。而这种魅力不只是取决于年龄、长相和衣着，是在于人的气质和仪态，是人的内在品格的自然流露。

所以，对于一个女人来说，在说话的时候，如果别人无意冒犯了你，你都要保持宽容，不争论、不生气、不反击、不露声色，言语中保有一份大度，这才是一个说话高手的风度。

委婉说话有奇效

英国思想家培根说过："交谈时的含蓄与得体，比口若悬河更可贵。"在言谈中，有驾驭语言功力的人，会自如地运用多种表达方式。委婉含蓄比直截了当的表达效果会更佳，但也更需要多动脑筋，它是一种语言修养，也是一个人智慧的表现。

有一次，居里夫人过生日，丈夫彼埃尔用一年的积蓄买了一件名贵的大衣，作为生日礼物送给爱妻。当她看到丈夫手中的大衣时爱怨交集，她既感激丈夫对自己的爱，又怨他不该买这样贵重的礼物，因为那时试验正缺钱。她婉言道："亲爱的，谢谢你！谢谢你！这件大衣确实是谁见了都会喜爱的，但是我要说，幸福是来自内在的。比如说，你送我一束鲜花祝贺生日，对我们来说就很好。只要我们永远一起生活、战斗，这比你送我任何贵重礼物都要珍贵。"

这一席话使丈夫认识到花那么多钱买礼物确实欠妥当。

委婉是一种既温和婉转又能清晰明确地表达思想的谈话艺术。它的显著特点是"言在此而意在彼"，能够诱导对方去领会你的话，去寻找那言外之意。从心理学的角度来看，委婉含蓄的话，不论是提出自己的看法还是向对方劝说，都能保护对方心理上的自尊感，使对方容易赞同、接受你的说法。

直爽的女人虽然坦率真诚，但却少了点儿韵味和风情，女人学会了委婉，才是有女人味的女人。委婉的方法，一般分为讳饰式、借用式和曲语式三种类型。

（1）讳饰式委婉法：是用委婉的词语表示不便直说或使人感到难堪的话的方法。

作家冯骥才在美国访问时，一个美国朋友带儿子去看望他。说话间，那孩子爬上冯老有些摇晃的床铺，站在上面拼命蹦跳。这时，冯老如果直接喊孩子下来，势必会使其父产生歉意，也让人觉得自己不够热情。于是，冯老笑着对朋友说："请您的孩子到地球上来吧。"那位朋友没有对孩子进行指责，而是顺着冯老的思路，同样不失幽默地回答道："好，我和孩子商量商量！"

冯老的话使本来也许是困难的批评变得顺利起来，而且营造了比较融洽的氛围。委婉，能够在不"伤人"的境况下展开温馨的批评。

（2）借用式委婉法：是指借用一事物或其他事物的特征来代替对事物实质性问题直接回答的方法。

在纽约国际笔会第48届年会上，有人问中国代表陆文夫："陆先生，你对性文学怎么看？"陆文夫说："西方朋友接受一盒礼品时，往往当着别人的面就打开来看。而中国人恰恰相反，一般都要等客人离开以后才打开盒子。"

陆文夫用一个生动的借喻，对一个敏感棘手的难题，委婉地表明了自己的观点——中西不同的文化差异也体现在文学作品上。陆文夫实际上是对问者的一种委婉的拒绝，其效果是使问者不感到难堪，使交往继续进行下去。

（3）曲语式委婉法：是用曲折含蓄的语言、商洽的语气表达自己看法的方法。

1937年冬，刚从济南到武汉的老舍先生在冯玉祥将军的图书楼里写作，可冯将军刚从德国回来的二女儿却与人在二楼跺脚取暖，打扰了老舍先生的构思。吃午饭时老舍笑着向冯家二小姐说："弗伐，整整一个上午，你在楼上教倩卿学什么舞啊？一定是从德国学来的新滑稽舞吧？"一句话引得大家一阵大笑，二楼也从此变得静悄悄了。

老舍先生在谈笑间，既没有使对方尴尬，又达到了批评的目的。另外，使用委婉语，必须注意避免晦涩艰深。谈话的目的是要让人听懂，如一味追求奇巧，会使他人丈二和尚摸不着头脑，甚至造成误解，必然影响表达效果。要做到语言含蓄须善于洞悉谈话的情景和宗旨，还要练就随机应变的本领，这样才会使你的语言得心应口、有新意。

口误了也能绝处逢生

"人有失足，马有乱蹄"，在人们的日常交往过程中，难免会陷入口误的窘境，有时在不经意间甚至"误"得十分离奇、"误"得非常荒诞。虽造成口误的个中缘由不尽相同，但导致的结果却不难预测：轻则贻笑大方、冷却场面，重则引发纠纷，甚或反目成仇。如果没有技巧去化解，就只能面呈愧色，心添懊恼，但思维和语言机敏者却能自圆其说，化险为夷，甚至变"废"为宝！

一次，上海东方电视台著名节目主持人袁鸣应邀到海口市主持"狮子楼京剧团"建团庆典。由于去得匆忙，一上场，袁鸣就闹了个口误："现在我荣幸地向大家介绍光临狮子楼京剧团建团庆典的各位来宾——今天参加庆典的有……海南师范学院党委书记南新燕小姐！"这时，台下缓缓站起一位白发苍苍的老教授！哇，小姐变成了老翁！全场沉寂之后是一片哄笑……

可袁鸣自有妙招："对不起，我这是望文生义了——不过，南教授的名字实在是太有诗意了。一见到南新燕三个字，我立刻想起两句诗："旧时王谢堂前燕，飞入寻常百姓家"，这南飞的新燕是一幅多么美丽的图画！就像我们今天的情景：京剧一度是清末的宫廷艺术，是流行于我国北方的戏曲，但是现在已经从北方流传到南方，跨过琼州海峡，飞到海南——这又是一幅多么美妙的图画呀……"

话一说完，顿时掌声、欢呼声四起。

袁鸣的"口误"引起哄笑，当然先要道歉；但道歉之后并没有"服输"，而顺题立意，快速完成了新的命题构思——浓墨重彩地描绘了两幅画面：一是古诗之画，意在赞美老教授名字寓有诗意；二是现实之画，扣住京剧历史的话题，紧密联系"狮子楼京剧团"成立庆典的现场语境，天衣无缝。

现实生活中，常常会有因说错话而陷入尴尬困境的情况。这种情形的出现或多或少会给人际交往带来负面影响。因而错话说出以后如何进行补救就显得尤为重要了。为了使自己的错误能够及时得以补救，营造良好的人际关系和心境，最要紧的是掌握必要的纠错方法。

那么，当你出现口误后究竟如何逢凶化吉，巧妙补救呢？

1. 将错就错法

准备不充分、说话速度快，容易口误；心情紧张、受个人阅历和学识程度的限制，也容易口误；有时即使自己认为是很精当的遣词造句，但在特定的语言环境下也能成为"口误"。顺"错"补救，借助于对原句的增减，或对原句意思的重新挖掘，加以巧妙掩饰，则能"转危为安"，甚至妙趣横生。

曾有一位企业老总，为解决企业资金短缺，发动员工利用各种关系跑贷款。在一次汇报会上，一位员工对跑贷款感到很难很灰心，便引用了古人诗句"十扣柴扉九不开"来形容。老总听后大不悦。这位员工敏感地觉察到是因为自己的"口误"所致，便灵机一动，话锋一转："虽然十扣柴扉九不开，但毕竟还有'一开'，只要我们'多扣'多跑，还是能够打动金融部门芳心的！"

2. 借意转述法

如口误发生后不及时化解，令对方难以容忍，甚至局面有可能无法收场时，你不妨借用另一层他类义项来诠释巧解因口误产生的"麻烦"，从而"死"里逃生，走出窘境。

有一次，在一个热闹非凡的婚礼上，女主持人在宴会的中途竟出现了不可原谅的口误："各位来宾，今晚为新郎新娘送来花圈祝福的还有……"顿时，整个热烈的场面一片寂然，众人相视。男主持人低声提醒女主持人说溜了嘴，可老到的女主持人不慌不忙："很抱歉，我原以为那位美丽的新娘是朝鲜族人，因为她们结婚时亲友都送花……（双手合抱，意味着'圈'字）。"

借他义而加以转述，成功地帮女主持人"解围"。喜事还在进行中，谁还想深究其责！

3. 借题发挥

就是错话一经出口，在简单的致歉之后立即转移话题，有意借着错处加以生发，以幽默风趣、机智灵活的话语改变场上的气氛，使听者随之进入新的情境中去。

曾有一个新毕业的大学生去某合资公司求职，一位负责接待的先生递过来名片。大学生神情紧张，匆匆一瞥，脱口说道："滕野木石先生，您身为日本人，抛家别舍，来华创业，令人佩服。"那人微微一笑："我姓滕，名野柘，地道的中国人。"大学生面红耳赤，无地自容。片刻后，他诚恳地说道："对不起，您的名字使我想起了鲁迅先生的日本老师——藤野先生。他教给鲁迅许多为人治学的道理，让鲁迅受益终生。今天我在这里也学到了难忘的一课，那就是凡事认真。希望滕先生日后也能时常指教我。"滕先生面带惊奇，点头微笑。经过认真地考核，最终录用了他。

4. 自我解嘲

就是在错话出口之后，机智地将话题引向自己。通过对自己的善意攻击来消弭对方的敌意，转移对方关注的焦点。这样做的好处是，能够不露痕迹地照顾到对方的自尊心，同时巧妙地使紧张的气氛得以缓和。

5. 赞美对方

就是说错话之后，巧妙地通过赞美对方以达到自我解困的目的。有这样一例：

一个高高瘦瘦的小姐新买了一件短上衣，兴冲冲地邀女友品评。女友见她穿了新衣越发状如衣板，不禁脱口说道："这件衣服并不适合你。"对方顿时面沉如水。女友见状自责，转而笑吟吟地说道："像你这样苗条修长的身材，如果穿上那种宽松肥大长至膝下的衣服，就会越发显得神采飘逸、潇洒大方了。那些矮而又胖的人就穿不出这种气质来。"小姐听罢顿时转怒为喜。

"良言一句三冬暖，恶语伤人六月寒。"任何人都会反感恶语而绝不会拒绝赞美。适度的赞美既会令对方心生暖意，又会令自己摆脱语误的困境，何乐而不为呢？

巧言及时消除误会

人在生活中需要交往，要交往就会有误会。误会，每个人都碰到过。也许这个世上有不被理解的人，但却不可能有从不被误解的人，误解是一种变相的矛盾，它无时不在，无处不在，生长在一切有人的地方，谁也摆脱不了它。因此，说误解是人生的"伴侣"似乎并不为过。

误会的事，是人往往在不了解、无理智、无耐心、缺少思考、未能体谅对方、感情极为冲动的情况之下所发生的。误会一开始，人们只会想到对方的千错万错，这样只会使误会越来越深，弄到不可收拾的地步。所以，在对别人有所决定或判断之前，请想想这是否是一个"误会"。

18世纪初的英法战争，起因居然是一个误会。1704年，在一次酒会上，英国贵族马肖尔夫人不小心把一杯水洒到法国人德托雷依侯爵身上，她说这是无意的，但侯爵先生却不这样认为，他坚决认为这是有意侮辱，不但是对他的人格，更是对他的国家的尊严的公然侮辱。结果，这件事激化了两国矛盾，引发了一场长达5年的"杯水战争"。

由此可见，误会的破坏力非同小可。所以，及时消除误会，就显得十分必要了。

误会给我们带来痛苦、烦恼、难堪，甚至会产生预料不及的悲剧。所以，陷入误会的圈子后，必须调整自己，采取有效的方式予以排除，使自己与他人都尽快地轻松、舒畅起来。那么，如何及时消除误会呢？

（1）消除自我委屈情绪。心中怀有委屈情绪的人，必定不愿开口向对方做解释，这种情况就会阻碍彼此间的交流。总之，应多替对方着想。无论他是气量小、心胸窄，还是不了解真相，不了解你的一番苦心，都不必去计较，只要你真诚地向他表明心迹，那么误会便会消失。

（2）摆正态度，正确认识。你不可能喜欢每一个人，所以也无法要求所有的人都喜欢你。我们所能做的就是与不喜欢的人和平相处，而对喜欢的人则要尽量维护友谊，避免不必要的误会和敌意。

（3）找到误会的根源。如果你和朋友或者同事发生了误会，要看这误会的"结"发生在哪里，找到原因之后，再想办法及时解决。

如果误会是由于你引起的，"结"在你这方面，你就要解释和道歉，态度要诚恳，语气要温和，向他说明是在当时的语言环境当中说出的，没有不良的动机和目的，请求他谅解。在你道歉之后对方心里仍然没有消除误会，对你还是耿耿于怀，你就不要再做什么工作了，表明他有自卑心、气量较小，一切都顺其自然好了。

（4）战胜自己的懦弱，当面说清。误会的类型多种多样，但解决的最简捷、最方便的方法便是当面说清。有人由于懦弱，不敢当面对质，结果把问题搞得极为复杂。记住，如果有误会需要亲自向对方说明，你千万不要找各种借口推脱，一定要克服困难，战胜自己，想方设法当面表明心迹。

（5）选择好时机。解释缘由，消除误会，必须选择好时机。

一定要考虑对方的心境、情绪等感情因素。大多可选择对方心情愉快、神经放松的时候，抓住这些时机表白，往往能得到对方的谅解，重归于好。

（6）不要拖延，尽快解决。有人被误会搅得焦头烂额，总觉得心中有难处，不好启齿，结果碍于情面，时间越拖越长，误会越陷越深，到最后无限制地蔓延，造成了令人极为苦恼的后果，反倒更加痛苦。所以，有了误会，要迅速解释清楚，拖的时间越长，就越被动。

（7）请别人帮忙。人与人之间的误会常常是在工作中产生的，双方的误解涉及许多因素，个人解决可能会受到限制，以致不能明白透彻，所以请他人帮忙也是很明智的方法。

能言善道，女人的口才练出来

好口才来自好方法

对于一个想成就事业的女人来说，出色的书面表达能力固然重要，而出众的口才其实更重要。因为书面表达是可以由别人代替完成的，而口头表达却是别人无法代替的"金字招牌"，因而，说服别人的能力，是女人在成就事业过程中一项重要的真本事。

有了好口才，你可以更多地了解别人，也可以更多地为人了解；有了好口才，你可以在成就事业的过程中立于不败之地。

许多成功人士告诉我们，口才、实力是职场、商场竞争中的法宝。口才的作用和价值非同小可，口才和交际能力确实是我们提高素质、开发潜能的重要途径。通观古今中外，凡是有作为的人，都把口才作为必备的修养之一，如美国总统林肯、二战时期的英国首相丘吉尔等。

口才并不是一种天赋的才能，它是靠刻苦训练得来的。古今中外历史上一切口若悬河、能言善辩的演讲家、雄辩家，他们无一不是靠刻苦训练而获得成功的。

美国前总统林肯为了练口才，徒步30英里，到一个法院去听律师们的辩护词，看他们如何论辩，如何做手势，他一边倾听，一边模仿。他听到那些云游八方的福音传教士挥舞手臂、声震长空的布道，回来后也学他们的样子。他曾对着树、成行的玉米练习口才。

语言是你成功道路上的铺路机。练口才不仅要刻苦，还要掌握一定的方法。科学的方法可以使你事半功倍，加速你口才的形成。你可以从下面几个方面训练你的语言能力：

1. 平时注意积累

平时我们会看电视、看报纸、看杂志、看书、交谈、观察，在这些活动中有可以拓展话题的源泉。拿一个本子，把在这些活动中听到看到想到的趣事、好句子等记下来或剪贴下来，然后一天记下一两句或一两件趣事。一个月后，你会发觉自己的思想丰富了许多，说话也开始变得生动有趣。

2. 从家人开始进行交谈

不要只顾自己的口才训练成果，你要去留意他人在谈些什么，他人对什么感兴趣。从他人的交谈中找到与自己知道的有交集的，然后参与进去。训练到一定火候了，你可以到工作场所、朋友之中等试试你的训练成果。

3. 多讲故事

很多人都喜欢听故事，但是不是都讲过故事呢？讲故事看起来很容易，要真讲起来就不那么容易了。讲故事是一种才能，并不是人人都可以把故事讲得好。学习讲故事是练口才的一种好方法。讲故事，可以训练人的多种能力。因为故事里面既有独白，又有人物对话，还有描述性的语言、叙述性的语言，所以讲故事可以训练人的多种口语能力。

4. 多加模仿

我们每个人从小就会模仿，模仿大人做事，模仿大人说话。其实模仿的过程也是一个学习的过程。我们小时候学说话是向爸爸、妈妈及周围的人学习，向周围的人模仿。那么我们练口才也可以利用模仿法，向这方面有专长的人模仿。这样天长日久，我们的口语表达能力就能得到提高。

训练口才的方法有很多，并不仅限于以上几种。在练口才时，你一定也会总结出一些适合自己的训练方法。只要此法对练口才有益有效，就不失为一种好的方法。另外，你也不要仅仅拘泥于一种方法，抱住一种方法不放。你不妨找几种适合自己的方法，见缝插针，相信这种综合训练收效更大。

巧妙避开棘手问题

在人际交往中，有时会遇到难以回答的棘手问题，就像死结一样，不是一拉就解得开的，此时应避免正面的攻坚战，不按对方的逻辑思路作答，采取绕开的办法，另辟蹊径，寻找出路，从不同的角度去寻找突破口。有时可以语出不凡，出奇制胜，妙"口"回春，达到"溪回谷转愁无路，忽有梅花一两枝"的效果。演艺界的明星中不少能言智者为天下女人做出了榜样，请看她的方法。

被誉为"天后"的女歌手王菲是另类的代名词，千奇百怪的造型，冷傲孤独的气质，飘忽空灵的歌声，都是王菲的独到之处。另外，她的个性十足在圈里也是出了名的，经常噎得记者哑口无言。

王菲在台湾举办"菲比寻常"演唱会后，回答了记者的提问。

记者："最近有传闻说你和李亚鹏结婚了，是不是真的？"

王菲："传闻就是传闻，信则有，不信则无。"

记者："那你近来是否过得很甜蜜？"

王菲："上回记者会你不在啊？那你们（指其他记者）告诉他答案吧。我看你们接下来也没正经的问题了，都问偏门的。"

面对记者抛出的敏感问题，王菲大打"太极拳"，巧妙地回避了这些敏感问题。一开始记者便问到最让人头疼的婚姻问题，她既没有承认也没有否认，而是抓住"传闻"一词，一句"传闻就是传闻，信则有，不信则无"，就巧妙回避了问题。接下来，记者又想从王菲口中套出点儿"猛料"，于是问她"近来是否过得很甜蜜"，她运用"避实就虚"的说话技巧，把问题推给了其他记者，最终让他们一无所获。从短短几句话里，我们不但看到一个个性挥洒的王菲，还看到了一个巧舌如簧的王菲。

那么，如何巧妙地避开话题，出奇制胜，达到妙"口"回春呢？

1. 巧换概念法

就是利用话语中的多义性和歧义性来"调包"，采用甲代乙，或以乙代甲的办法，故意造成理解上的一种误会，以此来达到某种目的。

一天，赵泉的爱妻提出一个问题："在遇到我之前，有几个女人吻过你？你吻过多少女人？"赵泉一本正经地闭目沉思后告诉妻子说："以前吻过我的女人大概有23个，我吻过的女人大概也是这么多。"

其妻怒目圆睁，非要搞清不可。这时赵泉给妻子报了曾吻过他的女人的名字——妈妈、外婆、表姐、堂姐、姑姑、侄女等。

"啊——原来如此。"妻子的脸迅速阴转晴。

2. 反守为攻法

即对交际对象提出某种不合理的要求或进行不正确的指责不予反驳，而提出与对方类似的反问句，使对方为难，从而取得峰回路转的效果。

厨师小闻去年冬天因为迟到被尤经理炒了"鱿鱼"。今年春天厨房里人手不够，而且小闻制作西点确实有一手，所以尤经理将他又找回来工作。

谁料小闻是个倔脾气，一见尤经理就责问："是去年将我炒鱿鱼对，还是现在又聘用我对？"

尤经理怎肯承认去年炒他的"鱿鱼"是错的呢？尤经理淡淡一笑之后，反问："你说窗外的这槐树，是秋天落树叶对呢，还是春天长树叶对呢？"

这回，难以回答的反倒是小闻了。

3. 转移论题法

当他人提出一个难以回答的问题，自己一时回答不了时，可以采取撇开的策略，答话看似与问有关，而其实无关，从而显露机敏与智慧。对方虽然得不到直接的回答但也无话可说。

在第十一届亚运会上，台湾十项全能名将李福恩在撑杆跳高时意外失利，以致功亏一篑。赛前，有记者采访了他的教练——亚洲名将杨传广："您是否认为李福恩将打破您的纪录？"

杨传广回答得很巧妙："我不喜欢做赛前预测。但我希望我的纪录由中国人来破。"

4. 自我解嘲法

即"向我开炮"，自己嘲笑讽刺自己，主动为自己舒缓心理压力，缩短与交际对方的距离。

欧洲有位女士体胖，但她博学多才，精通外语，她的理想是当名外交官。在外交官的考试前，她得知主考官将会问每一个人的婚姻计划。如果答者想结婚，他们会拒绝你；如果你答不想结婚，他们则会怀疑你是否有心理障碍。这个玩笑式的死结，好多人都没有解开。

轮到她的时候，主考官问："请问小姐，你想结婚吗？"

她一本正经地回答："嗯，目前我暂时没有计划。毕竟我身高6英尺，体重200磅，能配得上我的小伙子似乎还不多。"

所有的人都笑起来了，这位女士顺利地被录取了。

5. 自圆其说法

即镇定自若，妙语连珠，对已然的窘境灵活应对，避实求虚，别样解说，以摆脱已出现的困境。

有位男教师上课时，皮带从腰部掉下来，惹得同学们窃窃私语，捂嘴暗笑。这位教师发现后，只是微微一笑说："同学们，如果年底教师评先进你们可别忘了我呀！"同学们一愣，不解其意。这时老师又接着说："你们知道不，我废寝忘食地备课、教课、批改作业，现在瘦得连皮带都系不住，仍坚持为你们讲课，难道不够先进吗？"说着背过身去，从容地把皮带系好。教室里开始一阵寂静后，突然爆发出一阵掌声。

这位教师的皮带掉下的原因，无疑是自身的疏忽，然而他却把原因解释为备课、教课、批改作业而累瘦的缘故。高度的语言机智，使他化尴尬为自然。

聪明的女人，若你能恰当地借鉴上述语言技巧，将会使你更加聪明机智，使你能言善辩，将会帮助你在社交中摆脱困境，渡过难关，大受欢迎！

学会得体地反驳

当交谈中有些话语令你猝不及防地陷入尴尬被动之境的时候，最好的做法：保持冷静，并迅速地开动大脑这部机器，把所有的智慧和语言都调动起来，学会得体地反驳，这时你就会发现，你已经学会从容面对令你难堪的话语。

被誉为"世界女排第一重炮手"的海曼生前曾和一个白人恋爱，但最终却因肤色种族问题分手。

海曼成名后，这个白人去找她说："亲爱的，我们和好吧，现在您已经是世界闻名的大球星了，我非常渴望和您在一起。"

海曼轻蔑地一笑说："不知道您爱的是我的名气还是我这个人？如果爱的是我本人，我现在仍然这么黑。如果爱的是我的名气，那么，这个问题很好解决，请去买球票看球吧！"

一般说来，与别人交谈都应该在一种友好的气氛下进行，但是在生活中，我们总免不了会遇上一些对自己抱有敌意的人，或者是抱有不同观点的人，在谈话时突然进行讽刺、嘲笑甚至是毫无道理的谩骂。在这种情况下，自然不能忍气吞声、息事宁人，但也没有必要大发雷霆、撕破脸皮，最好应该巧妙地反驳，在回击对方的同时又维护了自己的形象。

那么，如何做到这一点呢？还是看看名人们是怎么做的吧。

1. 用对方的话还击对方

丹麦著名童话作家安徒生常戴一顶破旧的帽子在街上溜达。一次，有人嘲笑他："你脑袋上边的那个玩意儿是个什么东西，能算是一顶帽子吗？"

安徒生毫不客气地回敬道："你帽子底下的那个玩意儿是个什么东西，能算个脑袋吗？"

对方用破帽子来嘲笑安徒生，安徒生则巧妙地利用同样的问题来反问对方，达到了反唇相讥的目的，这就叫"以彼之道，还施彼身"。

2. 利用对方话里的漏洞

以最快速度发现对方话里的漏洞，等事后才发现对方的话里有漏洞是毫无意义的。

俄国大诗人普希金在成名之前，一次在彼得堡参加一个公爵家的舞会。他邀请一个年轻而漂亮的贵族小姐跳舞，这位小姐傲慢地看了年轻的普希金一眼，冷淡地说："我不能和小孩子一起跳舞！"

普希金没有生气，而是微笑着说："对不起，小姐，我不知道你正怀着孩子！"

这位小姐说的"小孩子"可以理解为讽刺普希金，也可以理解成自己肚子里怀着孩子，普希金就是利用她话里的歧义，成功地回击了傲慢的贵族小姐。

3. 顺着对方的话发挥下去

用对方的话推论出一个足以使他难堪的结果，就达到目的了，哪怕这个结果是不符合逻辑的或者是不合常理的。

霍勒斯·格里利是美国《纽约论坛报》的创办人。一次，他在一次聚会上碰见了《太阳报》的一位主管人员，此人毫无礼貌地说："格里利先生，我经常买《纽约论坛报》，不过只用它来擦屁股。"

"噢，只要你坚持这样做的话，要不了多久，你的屁股会比你的脑袋更有头脑。"格里利不慌不忙地说。

有时候，如果顺着对方的话说下去，把讽刺引到对方的身上，也能起到出奇制胜的效果，格里利就给我们做了最佳示范。

4. 抓住对方的自相矛盾之处

斯坦顿夫人是美国的女改革家，女权运动的著名活动家。在一次女权运动的会议上，一位已婚牧师指责斯坦顿夫人在公开场合发表演讲。他不满地说："圣徒保罗提议妇女保持沉默，您为什么要反对他呢？"

"保罗不也提议牧师应保持独身吗？您难道听话吗？我的牧师大人。"斯坦顿夫人挖苦道。

牧师借用圣徒保罗的话来反对斯坦顿夫人，但是他自己也没有完全遵守圣徒的话，于是斯坦顿夫人抓住了他的自相矛盾之处，同样利用圣徒的话来反戈。

5. 抓住对方的缺点

俄国著名寓言作家克雷洛夫长得很胖，又爱穿黑衣服。一次，一位贵族看到他在散步，便冲着他大叫："你看，来了一朵乌云！"

"怪不得蛤蟆开始叫了！"克雷洛夫看着身材臃肿的贵族答道。

如果对方拿你的缺点甚至身体缺陷来嘲笑的话，你大可不必跟他客气，每一个人都会有缺点，你最好的办法就是抓住他的缺点来反唇相讥，就像克雷洛夫做的那样。

当然，要想成功地反唇相讥，最重要的还是要反应速度快、思维灵活，能在最短的时间里抓住对手的弱点或者话里的漏洞，然后恰当地组织语言进行回击，否则只能面对对方的敌意而无可奈何。

自我解嘲是种利器

幽默能使人感到轻松愉快，有助于沟通，而自嘲被看作是幽默的最高境界。能自嘲，是心胸开阔、为人宽厚、随和幽默的表现，没有豁达、乐观、超脱的心态和胸怀，是无法做到自嘲的。一个善于自嘲的人，往往就是一个富有智慧和情趣的人，也是一个勇敢和坦诚的人，更是一个将自己里里外外看得很明白的人。自嘲既不会伤害自己，也不会伤害别人，是交际中最为安全的沟通方式。它可以用来活跃气氛，增加人情味；可以用来稳定情绪，赢得自信；也可以用来作为拒绝之词，增进交际双方之间的情谊。

张芸参加一个大型演讲比赛，因音响故障推至9点半才开赛，而参赛人数多达32个。临抽签了，张芸祈祷自己不要抽到后面的。因为快到中午了，再动听的演讲也不如一碗米饭来得实在。谁料那会儿上帝准是开小差了，没听到她虔诚至极的祈祷——抽了个32号，最后一个。张芸倒吸了一口凉气，回到座位上，心里如同十五个吊桶七上八下，听不清带队老师的劝慰，更听不清选手们的演讲，脑子里一片空白，愈慌愈急便愈想不出对策。

果真如张芸所料，过了12点，赛场上人群开始骚动，但还要半个小时才轮到她演讲。在这可贵的关键时刻，一个念头闪过她脑海。当主持人宣布"32号选手上场"时，张芸一扫开始时的沮丧和担心，信心百倍精神抖擞地站了起来。在讲台上站定后，张芸用微笑而平静的目光环视了赛场一圈，骚动的人群渐渐平静下来，视线也集中到她身上来。

这时，张芸不慌不忙地开口了："今天我是最后一个上场，好在我体重比较重，希望能压得住这台戏。"

话语刚落，全场一片笑声，随即是热烈的掌声。饥肠辘辘的听众以难得的耐心听完了张芸为时7分钟的演讲，并难得地一再响起潮水般的掌声。

最后评委团主席点评赛事，说了这样一句话："表现尤为突出的是32号选手，她以她的体重，更以她的实力压住了这台戏！"台下又响起大家默契的笑声和掌声。

其实，自我解嘲是一种很有效的语言工具。学会自我解嘲，幽默而又不失风度，这是摆脱窘境的最好办法。

在许多场合，人们经常碰到令人尴尬的局面。有时候，你会不经意地说错一句话或办错一件事，这时如果你显得局促、紧张、惶恐，切记不必掩饰自己的难堪，更用不着兴师动众地转移目标，只要自我解嘲，往往就能掩饰自己的尴尬。

在一次庆功聚会上，一位年轻的士兵不小心把酒泼在了巴克利将军的秃头上。众人惊呆了，那位年轻的士兵也手足无措。巴克利将军笑着说："小伙子，你认为这种方法有用吗？"众人不由哄堂大笑，气氛一下子变得非常轻松。

在日常生活中学会自我解嘲，将使你活得更有滋味，远离尴尬和冷场，生活变得更精彩。

自嘲是一门很深的艺术，不仅给大家带来了快乐，也愉悦了自己的心情。懂得自嘲的人往往会与他人相处得更融洽，更受人欢迎。

自嘲并不是拿自己出丑，自嘲者讽刺的往往不是自己的缺点，至少他们的优点是多于缺点的。不管你的身份地位如何，都应该学会自嘲。当然，这里也不是建议你过分简单地模仿丑角，成为别人的笑柄。你的自嘲，要包含智慧，自嘲时，也要保持风度。当你掌握了自嘲的艺术，你就能成为一个快乐的女人，一个受欢迎的女人。

把话说得通俗易懂

把简单的话说得复杂并不难，把复杂的东西说得简单有趣才是不简单。

浅俗直白的语句往往蕴含一个人对人生对社会的独到深邃的思考，可谓俗中有雅，大俗大雅；其次，如果运用恰当，口语往往比书面语更鲜活、更有趣、更富感染力。

在生活中有这样一种现象，一些人怕别人说自己肚子里墨水少，谈话时常常搜肠刮肚地寻找华丽的辞藻进行堆砌，以为这样才能显得语言美、水平高。其实这是一种误解，实践证明，"雅"是美，"俗"也是美。通俗并不意味着肤浅，通俗之所以会产生美感，是因为它将深邃的思想内涵蕴藏在平实浅显的语言形式中了，深入而浅出。

那么，怎样才能使谈话通俗优美呢？

1. 使用日常用语

日常用语，专指那些在老百姓中特别通行的有指代和比喻意味的习惯用语。如，把工作互相推诿说成"踢皮球"，把解除束缚说成"松绑"，把升学率为零说成"剃光头"，还有什么"走后门""捞稻草""穿小鞋""捅娄子"等，都可为自己的言谈"添彩儿"。

2. 引进俗语

俗语，是指普遍流行的话语，其中包括民间谚语。这些话，长期流传在人民群众之中，大多都反映了人民的心愿，记录了社会生活和人生经验，道理深刻、意思新鲜、形象生动、简练精辟，如果能恰当引用，就会使交谈意味无穷。

比如"车到山前必有路""没有爬不过去的山""三百六十行，行行出状元"等，都是些俗话，但却让人听之"开胃"，嚼之有"味"，而这是"雅"的语言所不能代替的。

3. 穿插歇后语，妙趣横生

歇后语，包含了群众的智慧，口耳相传，从古至今广泛流传，它可以使言谈意味深长，妙趣横生。因为这种格式类似谜语，用得好，可以给人活生生的视觉形象和恍然大悟的联想。如：麻袋上绣花——底子差；空心萝卜——外强中干；肉包子打狗——有去无回；夜猫子打坐——睁一只眼，闭一只眼；周瑜打黄盖——一个愿打一个愿挨；不蒸馒头——蒸（争）口气；导弹打蚊子——大材小用……只要用得恰到好处，就会使话语别致而生动。

4. 巧用顺口溜，朗朗上口

顺口溜，是民间流行的一种口头韵文，句子长短不齐，纯用口语，念起来很顺口，如果在交谈中能恰当使用，也会使语言增加魅力。

美娟回到家时丈夫还没把饭做好，她的脸马上阴了下来。这时，丈夫便边做饭边向妻子叨叨："我早晨洗洗涮涮，中午买菜做饭，晚上陪着儿子把书念，白天还得把钱赚。如果哪样做不好，老婆就给脸色看，你说我活得难不难。"这顺口溜如夏季里刮来一阵清风，使妻子的脸由阴转晴。

5. "客串"广告语

当今一些广告语已是妇孺皆知，在交谈中如能巧妙地把一些广告词"插足"进来，也可为谈话增"滋"添"味"。

韩总是化工局的经理，一天，新来的会计小丁找他谈工作。谈了一会儿，韩总说："你和其他人说话不一样。"当小丁问他怎么不一样时，他笑着说："农夫山泉，有点儿甜。"一句话把对方说乐了，一扫小丁刚见他时的拘谨，使气氛立刻活跃起来。

以上只是谈了使言谈通俗优美的几种主要手段。值得注意的是，要想让语言产生"通俗美"的效果，有三个问题要特别注意：一是"通俗"不是"低俗""媚俗""庸俗"，不能"俗"不达意，否则会让人感到"俗不可耐"；二是要注意对象、场合和情境，如果只图个"俗"语连珠、信口开河，就会弄巧成拙；三是要"言为心声"，只有诚恳、朴实的人，说通俗的话才能自然生动、亲切感人，否则，话说得再通俗，也只能让人感到是鼻子里插大葱——装象（相）。

肢体语言为你增添魅力

为什么男人喜欢女人大大的眼睛、黑黑的眼睛、亮亮的眼睛？因为最会说话的不是嘴，而是眼睛。大大的眼睛包含了无穷的情意，黑黑的眼睛蕴含了更多的深沉，亮亮的眼睛充满了生命的活力。会说话的眼睛能表达的东西远比嘴巴表现的东西含蓄广泛……

著名的人类学家雷·伯德威斯特尔经过研究发现，人与人面对面沟通时的三大要素是文字、声音及肢体语言，三大要素影响力的比率是文字7％，声音38％，肢体语言55％。所以，哑剧演员即使不说话，也能完整地把想要表达的意思传达给观众。但是，一般人经常只强调说的内容，却往往忽略了声音和肢体语言的重要性。

一个女人一旦掌握这些身体语言的信号，并准确地解读出其中的含义，无疑会大大增加她的魅力。

（1）注视：如果对对方的讲话感兴趣，就要用柔和友善的目光正视对方的眼睛，内心充溢着友善和敬意。

（2）微笑：无论倾听还是说话，都要微笑。

（3）点头：在他人说话的时候，适当地点头表示赞成和认可，会让人觉得你不但听明白了他的意思，而且你还是个很不错的倾听者。

（4）初次与男人接触，直视男人后，要把眼睑垂下，不要显得过于精明；不说话时，表情应该是困惑的，眼神流盼，仅这一点，就足以令男人心跳。

（5）偶尔用手撩额前秀发和散落在脖子上的发梢，但动作不要太快，要轻缓地、若有所思，这会增加你的女性魅力。

（6）说话尽量轻声细语，但不是用娇滴滴很恶心的声音去取悦别人。叫人接电话时，不要喊，应该是走到那个人的跟前去告诉他。

（7）遇到突发的小意外时，表示出有些惊喜的神情。

（8）用餐时，动作要轻，微微开启樱唇。

（9）不要披头散发或浓妆艳抹，衣着打扮要得体，什么场合就穿什么衣服。

应避免的姿势：

（1）双臂交叉，即使你真冷也别那样，因为它表示自我封闭或自我防卫。

（2）与异性相处时，切忌快速转动自己的眼睛。你和异性交谈时，不停转动着眼睛，那望穿秋水的眼睛，那暗送秋波的眼睛，都会给人轻浮的感觉。

（3）不要斜视。与人交往之中应平视对方，这是起码的礼貌。如果斜视，有两种明确的意思：一是瞧不起对方，二是自己不庄重。

（4）不要随便扭动腰肢。扭腰使腰呈现S形，这是"性"的象征。凡是女人扭腰或者扭动臀部，都是招惹异性的信号。

（5）切忌两手叉腰。把双手叉在自己腰上，虽然表示了愤怒和力量，但只适用于骂街。

（6）用手指着别人，这意味着对对方的不尊重。

（7）女性抽烟时，千万别把烟深深地嵌入两指之中。

（8）与人交谈，不论天气多热，千万别把鞋脱掉。

（9）不要老晃动鞋子。不少女性几乎是习惯性动作：她用脚趾勾住鞋，脚跟露出，不停晃动挂在脚尖的鞋子。这种动作明白无误地告诉对方：她是一个开放型女性，可以接纳突然的攻击。

（10）不要随意抖动腿，更不要两腿叉开，这会给人一种轻浮浅薄的感觉。

只要你坚持自然流露的原则，时间长了就自然地培养出了真正属于自己的迷人的姿态。记住，身体语言是一种非常重要的信息。女人们若是能正确地判断，就会大大增加自己的个人魅力，让你大受欢迎。做到了这些，不但男人，女人也会喜欢你的。

幽默能大大活跃气氛

人与人的结交，从语言的角度看，最重要的大概应是能给人带来快乐的幽默与诙谐了。唯其诙谐，也就拉近了交际双方的距离；唯其幽默，也就使心与心靠得更近。

一日，在排练现场，赵丽蓉拉住一位小品作者兼客串表演的年轻人，这样夸赞他："瞧，你这个'大马猴儿'（指剧中人）演得好，小伙子这形象哪儿找去？"这极富赵式风格的诙谐之言，一下子便逗得那年轻人心里乐开了花，顿时觉得同这位名演员的距离近了许多，无形中更为其以后的合作创造了条件。

赵丽蓉不仅乐于与同行如此这般地打得"火热"，就是同来去匆匆的记者们，她也喜欢用这种赵式幽默之语交流。一次，某记者采访她时，提出想同她合影的要求，赵丽蓉没有丝毫犹豫，脱口而道："成！怎么个拍法，你说就是。"可偏偏那相机出了问题，而赵丽蓉也得去候场了，即便是临走时，她也不忘扔下一句话："我欠你一张照片。"一句既带许诺又带自嘲的话，令在场者全笑了，当事人不消说也顿觉心里暖和极了。后来，这位记者终于找到机会，同赵丽蓉"补"拍了一张合影。这时，赵丽蓉瞅着那记者道："瞧，你的个头同我的儿子一般高。"一句话，再度拉近了同记者的距离，更平添了许多人情味儿。

"幽默"的语言因其有趣和意味深长而深受人们的喜爱。那么，怎样才能拥有这种说话能力，给人们带来快乐呢？

1. 奇异的话使人开心而笑

老师对学生们说："牛顿坐在苹果树下，忽然有一个苹果掉下，落在他的头上，于是，他发现了万有引力定律。牛顿是个科学家！""可是老师，"一个学生站了起来，"如果牛顿也像我们这样整天坐在学校里埋头读书，会有苹果掉在他头上吗？"

本来老师是讲牛顿受苹果落地的启示，发现了万有引力定律，成为科学家，而学生却冷不丁冒出一句含有不应该埋头读书的结论，真是出乎意外，超出常理。

2. 巧妙的话使人赏心而笑

幽默的核心是应该有赢得使人赞叹不已的巧思妙想，从而产生令人欣赏的欢笑。俗话说："无巧不成书。"巧可以是客观事实上的巧合，但更多的是主观构思上的巧妙。巧是事物之间的某种联系，没有联系就谈不上巧。如果能在别人没有想到的方面发现或建立某种联系，并顺乎一定的情理，就不能不令人赏心悦目。

安妮·斯塔尔夫人是法国女作家。有一次，参加一位政治家举办的晚宴，她与漂亮的雷卡米尔夫人正好坐在一个年轻的纨绔公子的两旁。整个晚上，这位公子都兴奋异常，并得意地对人说："现在我正处于智慧和美貌之间。"斯塔尔夫人斜着眼说："的确不错，但你一样也沾不到边儿。"

3. 虚实辉映使人哑然发笑

有人想捉弄一下矮个儿丈夫和他的高个儿妻子，就当众问他："妻子总在你身后居高临下的，你觉得般配吗？"

"绝对般配。"他面无愧色地回答，"我为她的笑容腾出了空间。"

其实矮丈夫用的是虚实辉映的幽默手法，对挑衅者现实的提问从虚处开拓意境，幽默改善着对话双方相互的位置。虚实辉映指恰当地把握虚与实的关系，不是顶真地响应对方的直接说法，而是做小小的延伸，在虚实对应关系上与对方错位，让其有所指变成无所指，引发某种悬念，通过后面的补充化解悬念，激活潜在的幽默。虚实辉映是种很灵活的幽默技法，在不同的场合有不同的应变。

4. 荒谬的话使人会心而笑

幽默的内容往往要含有使人忍俊不禁的荒唐言行，从而使人情不自禁地发笑。俗话说："理不歪，笑不来。"荒谬的东西是人们认为明显不应该存在的东西，然而它居然展现在我们面前，不能不激起我们心灵的震荡，发笑而泄。

风平浪静的水面，投进一块石头，就会引起一片涟漪。奇异、巧妙、虚实、荒谬的语言就是这颗石头，让你心潮澎湃、心花怒放、乐不可支，是我们学会幽默应把握的要诀。

第三章

巧言慧语，聪明女人因口才加分

话多不如话少，话少不如话好

赞扬一个人会说话我们会说他"一语中的""一鸣惊人"，而不是"滔滔不绝"。说话简练而到位的人才是真正的能说会道者。在现实生活中，很多女性都是人群中的活跃者，她们喜欢以自我为中心，在喋喋不休之中让自己占尽"风头"，而忽视了别人也有表达自己的欲望，别人也渴望交流，最终，在有意无意间，令人感到压抑和被忽视。她们伤害了别人，自己当然也不会得到好人缘。还有一些女人，总是将自己的生活泡在"苦水"里。生活中，无论大事还是小事，都能给她们带来很多痛苦，她们将这些痛苦不断地向别人倾诉，向别人抱怨。

王燕是一家保险公司的业务员。开始时，王燕向别人推销时总是赖在别人面前不走，直到把对方累垮，业绩却毫无起色，久而久之，她对自己的推销能力也产生了怀疑。后来在别人的帮助和指点下，她决定："并不一定要向每一个我拜访的人推销保险。如果超过预定的时间，我就要转移目标。为了使别人快乐，我会很快离开，即使我知道如果再磨下去他很可能会买我的保险。"

谁知这样做竟然产生了奇妙的效果："我每天推销保险的数目开始大增。还有，有些人本来以为我会磨下去，但当我愉快地离开他们之后，他们反而会对我说：'你不能这样对待我。每一个推销员都会赖着不走，而你居然不再跟我说话就走了。你回来给我填一份保险单。'"

俗话说："话多不如话少，话少不如话好。"话多的人不一定有智慧。不要一上来就开始你的"牢骚"，唠叨往往会破坏你的好人缘，也会给别人带来很不好的影响。如果有什么不满的地方，先创造一个尽可能和谐的气氛。做错事的一方，一般都会本能地有种害怕被批评的情绪，如果很快地进入正题，被批评者很可能会产生抵触情绪。即使他表面上接受，却未必表明你已经达到了目的。所以，先让他放松下来，然后再开始你的"慷慨陈词"。

徐丽在半年前被公司辞退，理由是老板不喜欢她。她说自己工作业绩好、能力强，所以同事总排挤她，在老板面前说她的坏话，老板就总找她别扭。不久后，她被朋友介绍到另一家公司。可是上班不久，她就又开始数落她的新老板了，说老板能力差、水平低，根本无法理解她想要做的事对公司有多么重要。于是，在试用期满之前，她又被辞退了，害得她的朋友再见这个老板的时候，十分不好意思。现在徐丽仍然四处飘荡，找不到一份满意的工作。

沟通不是一件容易的事。人是复杂多样的，各有各的癖好，各有各的脾性，跟自己气味相投的人在一起就舒服惬意，话很多；一遇见气味不投的人，就感觉别扭，不想开口。所谓"酒逢知己千杯少，话不投机半句多"，就是这种情形的写照。但是，真正投机的人又有多少呢？所以，一般人就有"知己难得"的感叹。善于跟别人交谈的人是很善于适应别人的。只有把话说到对方的心坎儿上，才能给交际架起绚丽的彩桥。

说服别人时，要给对方台阶下

女人在说服别人的时候，一定要为对方留足情面，不要让别人下不来台。这时候如果能巧妙地给人台阶下，就可以为对方挽回面子，缓和紧张难堪的气氛，使事情能顺利进行。要达到这样的目的，女人就应该学会使用下列技巧，在说服别人时给对方台阶下。

1. 给对方寻找一个善意的动机

装作不理解对方尴尬举动的真实含义，故意给对方找一个善意的行为动机，给对方铺一个台阶下。

有一位老师曾经讲过这样一个故事：一天中午，他路过学校后操场时，发现前两天帮助搬运实验器材的几位同学正拿着一枚实验室特有的凸透镜在阳光下做"聚焦"实验。当时那位老师就想：他们哪来的凸透镜？难道是在搬迁时趁人不备拿了一枚？实验室正丢了一枚。是上去问个究竟还是视而不见绕道而去？为难之时，同学们发觉了那位老师，从同学们慌张的神情中老师肯定了自己的判断。当时的空气就像凝固了似的，但是这位老师很快想出了一条妙方，他笑着说："哟，这凸透镜找到了！谢谢你们！昨天我到实验室准备实验，发现少了一枚，我想大概是搬迁过程中丢失了，我沿途找了好几遍都未能找到，谢谢你们帮我找到了。这样吧，你们继续实验，下午还给我也不迟。"同学们轻松地点了点头，一场尴尬就这样被轻松解决了。

这位老师采用了故意曲解的方法，装作不懂学生的真实意图，反而说是他们帮助自己找到了凸透镜，将责怪化成了感激，自然令学生在摆脱尴尬的同时又羞愧不已。

2. 顺势而为

依据当时当场的势态，对对方的尴尬之举加以巧妙解释，使原本只有消极意味的事件转而具有积极的意义。

有一次，县教委的一些同志来学校听课，校长安排一班的李老师讲课，这下可使李老师犯难了。他既怕课讲得不好，又忧虑有的学生答问题时成绩不佳，有失面子。

课上，他重点讲解了词的感情色彩问题。在提问了两位同学取得良好效果后，接着提问县教委领导的"公子"："请你说出一个形容×××的美丽的词或句子。"

或许是课堂气氛紧张，或许是严父在场，也可能兼而有之，这位公子一时为难，只是站着。

李老师和那位领导都现出了尴尬的脸色。瞬间，这位老师便恢复正常，随机应变地讲道："好，请你坐下，同学们，××同学的答案是最完美的，他的意思是说这个人的美丽是无法用文字和语言来形容的。"

这一妙解为县委领导公子尴尬的"呆立"赋予了积极的意义，使他顺利下了台阶，而李老师本人和那位领导本人也自然摆脱了难堪。

3. 将过错推给不在现场的第三者

故意将对方的责任归于不在现场的他人，主动地为对方寻找遮掩不妥行为的借口。

一位女顾客在某商场给丈夫购买了一套西服，回家穿后，丈夫有点儿不大喜欢这种颜色。于是，她急忙包好，干洗后拿商店去退货。面对服务员，她说那件衣服绝没穿过。

服务员检查衣服时，发现了衣服有干洗的痕迹。机敏的服务员并没有当场找出证据来拆穿她，因为服务员懂得一旦那样，顾客会为了顾及自己的面子，而死不承认的。这位服务员就为顾客找了一个台阶。她微笑着说："夫人，我想是不是您家的哪位搞错了，把衣服送到洗衣店去了？我自己前不久也发生过这类事，我把买的新衣服和其他衣服放在一起，结果我丈夫把新衣服送去洗了。我想，您大概也碰到了这种事情，因为这衣服确实有洗过的痕迹。"

这位女顾客知道自己错了，并且意识到服务员给了她台阶，于是不好意思地拿起衣服，离开了商场。

4. 将尴尬的事情严肃化

故意以严肃的态度面对对方的尴尬举动，消除其中的可笑意味，缓解对方的紧张心理。

第二次世界大战时，一位德高望重的英国将军举办了一场祝捷酒会。除上层人士之外，将军还特意邀请了一批作战勇敢的士兵，酒会自然是热烈隆重。没料想，一位从乡下入伍的士兵不懂酒席上的一些规矩，捧着面前的一碗供洗手用的水喝了，顿时引来达官贵人、夫人小姐的一片讥笑声。那士兵一下子面红耳赤，无地自容。此时，将军慢慢地站起来，端着自己面前的那碗洗手水，面向全场贵宾，充满激情地说道："我提议，为我们这些英勇杀敌、拼死为国的士兵们干了这一碗。"言罢，一饮而尽，全场为之肃然，少顷，人人均仰脖而干。此时，士兵们已是泪流满面。

在这个故事里，将军为了帮助自己的士兵摆脱窘境，恢复酒会的气氛，采用了将可笑事件严肃化的办法，不但不讥笑士兵的尴尬举动，而且将该举动定性为向杀敌英雄致敬的严肃行为。乡下士兵的尴尬不但一扫而尽，而且获得了莫大的荣誉，成为在场的焦点人物。

如何引起男人的注意

想要给心仪的男孩一个特别的印象，关键是要看你会不会说话，能不能在交流中找到与对方的共同语言。如何和男人交谈？聪明的女人都会想到这个问题。为什么很多女人的谈话很吸引男人？就是因为这些女人懂得如何引起男人的注意，把约会当成一种积极而快乐的经验，所以她很容易和男人打成一片。

"要是无敌能搞定费德南，我就能搞定王力宏。"热播剧《丑女无敌》中马莎莎这样向林无敌挑衅。在那些美女眼里，"丑女"就是幸福的绝缘体，没有爱的权利，甚至不可能有爱的机会。可是，能不能征服自己心仪的男孩，美丽的外表并不能起决定性的作用。

聪明的女人会主动创造机会，而不是等待机会。

有一个女人住在一家医院附近，她看中了一个医生，苦于难以接近他，于是她想到一个方法。

有一天，女人双手抱满东西，和迎面匆匆而来的一个人撞个满怀，东西散落一地。

这个人当然就是那个医生，他对自己的不小心连声道歉，同时帮她捡起散落的物品。女人一脸害羞又通情达理地说："没关系，你也是太忙碌了，才弄成这样吗！"

初次的计划成功后，女人每天在医院下班时间牵着小狗在附近徘徊。几天后，她又遇上了那个年轻医生，两个人攀谈起来，不久成为恋人。

有一个女人追一个男人，她发现男人早晨有跑步的习惯，于是她也开始跑步。

一次在跑到男人面前时，她友好地和他打招呼，脚下却失去平衡摔倒在地，她碰破了膝盖，男人把她带回住处，并给她敷药。这样，她虽然跌伤了，却得到了和男人接近的机会。

如果你和男人交谈时，心里不要总想着绝不随便向男人让步，你太固执了反而得不到他的尊重。只有当你放弃这种可以引发"战争"的态度，你才能真正获得快乐。

聪明的女人和男人交谈时，不是短兵相接，而是自由自在地交谈。聪明的女人不会等待，她会把和男人约会、谈话当成一种乐趣。刚开始交谈时，最好的策略是不要直接提到"你个人"，而要提那些你们都知道的东西，即你们的"共同焦点"。当你自然地使一场约会对话开始之后，你就进入了一场收集微妙语言的"战壕战"。

这是迷宫一般的交谈阶段，你们彼此都巧妙地诱使对方打破坚冰，从而进行滔滔不绝的对话。这时你的话最好实事求是，只有客观事实才最引人注目，最有效的谈话是真诚的对话。

不会说恭维的话，就学会倾听

倾听是一种动听的语言，倾听是对别人最好的一种恭维，很少有人拒绝接受专心倾听所包含的赞许。刚踏入社会的女人，如果你不能像别人那样，说出很多恭维的话，让对方开心，也可以做一个会倾听的女人，善于倾听，就会让你处处受欢迎。倾听同样可以让你成为一个有魅力的女人。因为懂得倾听的女人，能够给予别人足够的重视，让对方感受到心理上的满足。另外，懂得倾听的女人，往往表现出大度与接纳，散发出女人特有的温情魅力，更容易受到倾诉者的欢迎。

1. 倾听时要有良好的精神状态

良好的精神状态是倾听的重要前提，如果倾听者精神萎靡不振，是不会取得良好的倾听效果的，它只能使沟通质量大打折扣。良好的精神状态要求倾听者集中精力，随时提醒自己交谈到底要解决什么问题；听话时应保持与谈话者的眼神接触，但对时间长短应适当把握。如果没有语言上的呼应，只是长时间盯着对方，那会使双方都感到局促不安。

2. 使用开放性动作

开放性动作是一种信息传递方式，代表着接受、容纳、兴趣与信任，意味着控制自身的偏见和情绪，克服思维定式，做好准备，积极适应对方的思路去理解对方的话，并给予及时的回应。

热诚地倾听与口头敷衍有很大区别，前者是一种积极的态度，传达给他人的是一种肯定、信任、关心乃至鼓励的信息。

3. 及时用动作和表情给予呼应

作为一种信息反馈，沟通者可以使用各种对方能理解的动作与表情，表示自己的理解，传达自己的感情以及对于谈话的兴趣。如微笑、皱眉、迷惑不解等表情，给讲话人提供相关的反馈信息，以利于其及时调整。

4. 适时适度地提问

沟通的目的是为获得信息，是为了知道彼此在想什么，要做什么，通过提问可获得信息，可以从对方回答的内容、态度等其他方面获得信息。因此，适时适度地提出问题是一种倾听的方法，它能够给讲话者以鼓励，有助于双方的相互沟通。

5. 要有耐心，切忌随便打断别人讲话

有些人话很多，或者语言表达有些零散甚至混乱，这时就要耐心地听完他的叙述。即使听到你不能接受的观点或者某些伤害感情的话，也要耐心地听完，听完后才可以表达你的不同观点。当别人流畅地谈话时，随便插话打岔，改变说话人的思路和话题，或者任意发表评论，都是一种没有教养或不礼貌的行为。

寒暄是打开话匣子的钥匙

刚踏入社交圈的女人，在与陌生人交谈时总会不知所措，不知道用什么样的开场白合适。其实，寒暄就是交谈的润滑剂，它能在陌生人之间架起友谊的桥梁。由于两人初次见面，对彼此都不太了解，往往会陷入无话可说的尴尬场面。这时我们不妨以寒暄开头，比如，"天气似乎热了点儿！"或者"最近忙些什么呢？"等。虽然这些寒暄大部分并不重要，然而，正是这些话才使初次见面者免于尴尬。以下几种方式可供参考。

1. 从天气谈起

愉悦的态度会给他人留下良好的第一印象。从天气谈起容易拉近两人的距离。

2. 询问对方的工作进展、身体状况等

例如你可以说："这一阵工作忙吗？你看起来神清气爽，是不是有喜事呢？"

不管采用哪种方式，寒暄都是打开对方话匣子的宝贵钥匙。

在现实生活中，如果你觉得和对方开始交谈有一定的困难时，不妨先和他来一些寒暄的话，这样就能使你们的谈话变得自然顺畅了。

在别人伤口撒盐，苦的是自己

女人在说话时，经常会因口无遮拦而触碰到别人的痛处，为自己的人际关系埋下隐患。赞美人本应算好事，但若心直口快，犯了忌讳，好事也会变成坏事。即使赞美者和受赞者关系十分密切，也要注意，不能一时兴起就不管"三七二十一"了，别人有点儿错误，就揪住不放；如果牙尖嘴利地在别人伤口上撒盐，最后吃不了兜着走的可能是你自己。

郭经理和杨经理很要好，志趣相投，无所不谈，甚至对方的忌讳也是酒后茶余的谈资。

在一次宴会上，郭经理有点儿喝多了，为了表达对杨经理曲折经历和能力的敬佩，他举起酒杯说："我提议我们大家共同为杨经理的成功干杯！总结杨经理的曲折历程，我得出一个结论：凡是成大事的人，必须具备三证！"

接着郭经理提了提嗓门答道："第一是大学毕业证；第二是监狱释放证；第三是老婆离婚证！"

话音刚落，众人哗然，杨经理硬着头皮，脸色铁青地喝下了那杯苦涩的酒。这"三证"中的两证无疑是杨经理的忌讳，他不想让更多的人知道，也不想让人们议论，但郭经理与他太好太熟太没有界限了。

这则故事就警示我们，在称赞与自己关系很好的人时，如果是当着其他人的面，千万不要冒犯他的忌讳，毕竟我们每个人都不愿意提那些不愉快的事。但是有的人口齿伶俐，在交际场上口若悬河、滔滔不绝，假若口无遮拦，说错了话，说漏了嘴，也是很难补救的。故说话应讲究"忌口"，否则，若因言语不慎而让别人下不了台或把事情搞糟，是不礼貌的，也是不明智的。

女人，说话之前一定要三思而后行，在与人交谈时必须注意以下几点：

（1）不要当众揭人的短。谁都不愿把自己的短处或隐私在公众面前"曝光"，一旦被人曝光，就会感到难堪而恼怒，甚至会迁怒于人。因此在交往中，如果不是为了某种特殊需要，一般应尽量避免接触这些敏感区，以免使对方当众出丑。必要时可采用委婉的话暗示你已知道他的错处或隐私，让他感到有压力而不得不改正。知趣的、会权衡的人只需"点到为止"，一般是会顾全他人的脸面而悄悄收场的。当面揭短，对方说不定会恼羞成怒或者干脆耍赖，令局面难堪。至于一些纯属隐私、非原则性的错，最好的办法是装聋作哑，权当不知道，千万别去追究。

（2）不要故意渲染和张扬对方的失误。在交际场上，人们难免碰到这类情况：讲了一句外行话，念错了一个字，搞错了一个人的名字，被人抢白了两句等，对方本已十分尴尬，生怕更多的人知道。作为知情者，一般说来，只要这种失误无关大局，你就不必大加张扬，故意搞得人人皆知，更不要抱着幸灾乐祸的态度，拿人家的失误来做笑料，显示你的聪明。因为这样做不仅对你无益，而且还会伤害对方的自尊心，你就可能多了一个怨敌，少了一个朋友。同时，这也有损你自己的社交形象，人们会认为你是个刻薄饶舌的人，会对你反感、有戒心，因而敬而远之。所以渲染他人的失误，实在是一件损人而又不利己的事。

（3）给别人留余地就是给自己留余地。在社交场合中，有时会遇到一些竞争性的文体活动，比如下棋、乒乓球赛等，尽管只是一些娱乐性活动，但人的竞争心理总是希望成为胜利者。

一些"棋迷""球迷"就更是如此。有经验的社交者，即使在自己取胜把握比较大的情况下，往往也不把对方搞得太惨，而是适当地给对方留点儿面子，让他也胜一两局。尤其在对方是老人、长辈的情况下，你若图一时之快，让他狼狈不堪，丢了面子，有时还可能引起不必要的后果，让你无以应对。

其实，只要不是正式比赛，作为交流感情、增进友谊的文体活动，又何必酿成不愉快的局面呢？在其他事情上也一样，集体活动中，你固然多才多艺，但也要给别人一点儿表现自己的机会。口下留情，脚下有路，不要轻易在别人的伤口上撒盐，不然最终苦的是自己。

从场面话里听出点儿"门道"

男人的场面话，女人有时需要细细揣摩，不然就会给自己带来不必要的困扰。男人都有很强的自尊心，有时候喜欢说场面话，来提升一下自己在别人心目中的形象。如果你不能从他们的场面话里听出其真实的意图，或者天真地把场面话信以为真，就可能曲解他们的意思，使自己处于被动的地位。如果对那些场面话抱有太大的希望，时时放不下，就会影响自己的心情。比如，一个小气的男同事，经常抛出社交辞令客套邀约："哪天我请大家吃饭！"如果你真对这顿饭抱有希望，最终必然会失望。

不过，有时候场面话也是一种生存智慧，不仅男人需要说，我们女人也应该会说。但前提是，只有你听懂了他们的场面话，才能充分利用，最终皆大欢喜，否则便常常会被场面话伤害。

雪华毕业后在外地某中学教书，她一直想找机会调回本市，一天她的一个好朋友告诉她，市一中正好缺一个语文老师，看她能不能调回来。雪华东打听西打听，还真打听到有一个远房亲戚在市教育局上班，虽然不是一把手，但还是能"说上话"的，于是她拿了点儿东西便去拜访这位从未谋面的亲戚。

他看上去还挺斯文的，不愧是文化部门的，对雪华也很热情，当面拍胸脯说："没问题！"雪华一听这话，便高高兴兴地回去等消息，谁知几个月过去，一点儿消息也没有，打电话过去，他不是不在就是正在开会。后来那个朋友告诉她，那个位置早已被别人捷足先登了。雪华一听这话，非常生气地说："自己没本事你早说啊，我还可以想别的办法，这不是害我吗！"事实上，那位亲戚只不过说了一句场面话，雪华却信以为真了。

男人的场面话有的是实情，有的则与事实有相当的差距。听起来虽然不实在，但只要不太离谱，听的人十之八九都会感到高兴。诸如"我全力帮忙""有什么问题尽管来找我"等，男人经常把这些话挂在嘴边，因为他们觉得，当面拒绝别人自己会很没面子，所以用场面话先打发，能帮忙就帮忙，帮不上或不愿意帮忙就再找理由。

因此，对于男人拍胸脯答应的场面话，你只能持保留态度，以免希望越大，失望也越大。因为人情的变化无法预测，你既测不出他的真心，只好先做最坏的打算。

总之，女人对于男人的场面话，一定要保持清醒的头脑，否则可能会坏了大事。对于称赞、同意或恭维的场面话，也要保持冷静和客观，千万别因男人的两句话就乐过了头，从而影响你的自我评价。要知道，场面话里有门道，女人不要太计较，不然最后受伤害的还是自己。说场面话只是一种交流技巧，会听才是大智慧。

委婉含蓄，学点儿语言"软化"术

刚刚踏入社会的女人，还没有摆脱校园里的学生气，有时说话直来直去，认为直言快语就是真诚，就能受欢迎，其实这样很容易碰钉子，甚至好心却办了坏事。善解人意的女人，往往会绕开中心话题和基本意图，委婉含蓄地表达自己的想法，避免一些不必要的阻力，从而达到理想的交际效果。

委婉是指在讲话时不直陈本意，而用委婉之词加以烘托或暗示，让人思而得之，而且越揣摩含义越深越远，因而也就越具有吸引力和感染力。委婉含蓄的说话艺术，能有效地避免由于生硬和直率带来的各种弊端，让你的人际往来更加顺畅。

现代文学大师钱钟书先生，是个自甘寂寞的人。居家耕读，闭门谢客，最怕被人宣传，尤其不愿在报刊、电视中扬名露面。他的《围城》再版以后，又拍成了电视，在国内外引起轰动。不少新闻记者，都想约见采访他，均被他执意谢绝了。一天，一位英国女士，好不容易打通了他家的电话，恳请让她登门拜见他。他一再婉言谢绝没有效果，就妙语惊人地对英国女士说："假如你看了《围城》，像吃了一只鸡蛋，觉得不错，何必要认识那个下蛋的母鸡呢？"洋女士终被说服了。

钱先生的回话，不仅无懈可击，又引人领悟话语中的深意，令人格外敬仰。

可见，委婉含蓄主要具有如下三方面的作用：第一，人们有时表露某种心事，提出某种要求时，常有种羞怯、为难心理，而委婉含蓄的表达则能解决这个问题。第二，每个人都有自尊心。在人际交往中，对对方自尊心的维护或伤害，常常是影响人际关系好坏的直接原因；而有些表达，如拒绝对方的要求，表达不同于对方的意见，批评对方等，又极容易伤害对方的自尊。这时，委婉含蓄的表达常能得到既达成任务，又能维护对方自尊的目的。第三，有时在某种情境中，例如碍于某第三者在场，有些话就不便说，这时就可用委婉含蓄的表达。

这便是说话委婉含蓄的美妙之处。

使用委婉含蓄的话时要注意，委婉含蓄不等于晦涩难懂，它的表现技巧是建立在让人听懂的基础上的。如果说话晦涩难懂，便无委婉含蓄可言；如果使用委婉含蓄的话不分场合，便会引起不良后果。运用方圆之道，要切记掌握好语言的"软化"艺术。

拉拢对方，多说"我们"少说"我"

曾经有一位心理学家，做了一项有名的实验，就是选编了三个小团体，并且分派三人饰演专制型、放任型、民主型的三位领导人，然后对这三个团体进行意识调查。

结果，民主型领导人所带领的这个团体，表现了最强烈的同伴意识。有趣的是，这个团体中的成员大都使用"我们"一词来说话。

经常听演讲的人，大概都有过这样的经验，就是演讲者说"我这么想"不如说"我们是否应该这样"更能让你觉得和对方的距离更接近。因为"我们"这个字眼，也就是要表现"你也参与其中"的意思，所以会令对方心中产生一种参与意识。按照心理学的说法，这种情形是"卷入效果"。

小孩子在玩耍时，经常会说"这是我的东西"或"我要这样做"，这种说法是因为小孩子的自我显示欲直接表现所造成的。但有时在成人世界中，如果总是强调"我"这个个体，就无法给对方留下好印象，在人际关系方面也会受阻。

人心是很微妙的，同样是与人交谈，但有的人说话方式会令对方反感，而有的人说话方式却会令对方不由自主地产生妥协之心。

我们在听别人说话时，对方说"我""我认为……"带给我们的感受，将远不如他采用"我们……"的说法，因为采用"我们"这种说法，可以让人产生团结意识。

所以，在开口说话时，女人要多说"我们"，用"我们"来做主语，因为善用"我们"来制造彼此间的共同意识，对人际关系的促进将会有很大的帮助。

亨利·福特二世在描述令人厌烦的行为时就说："一个满嘴我的人，一个独占我字、随时随地说我的人，是一个不受欢迎的人。"

在人际交往中，"我"字讲得太多并过分强调，会给人留下突出自我、标榜自我的印象，这会在对方与你之间筑起一道防线，形成障碍，影响别人对你的认同。

因此，会说话的女人，在语言传播中，总会避开"我"字，而用"我们"开头。下面的几点建议可供借鉴。

1. 尽量用"我们"代替"我"

很多情况下，你可以用"我们"一词代替"我"，这可以缩短你和大家的心理距离，促进彼此之间的感情交流。

例如："我建议，今天下午……"可以改成："今天下午，我们……好吗？"

2. 这样说话时应用"我们"开头

在员工大会上，你想说："我最近做过一项调查，我发现40%的员工对公司有不满的情绪，我认为这些不满情绪……"如果你将上面这段话的三个"我"字转化成"我们"，效果就会大不一样。说"我"有时只能代表你一个人，而说"我们"代表的是公司，代表的是大家，员工们自然容易接受。

3. 非得用"我"字时，以平缓的语调淡化

不可避免地要讲到"我"时，你要做到语气平淡，既不把"我"读成重音，也不把语音拖长。同时，目光不要逼人，神态不要得意扬扬，你要把表述的重点放在事件的客观叙述上，不要突出做事的"我"，以免使听的人觉得你是在吹嘘自己。

第
四
章

心中有尺，智慧女人嘴上有分寸

不该说的"四话"

传说王安石的小儿子王元泽从小口齿伶俐，常常以惊人妙语博得四座叫绝。有一次，客人要考他，指着厅里的笼子问他，人家都说你聪明，告诉我，这笼子里关的两只兽，哪是鹿，哪是獐？王元泽从未见过这两种动物，便发挥"口才"，说道：獐旁边的是鹿，鹿旁边的是獐。果然博得满堂喝彩。

其实，王元泽在这里答非所问，算不得高明，充其量是耍点儿小聪明而已。他根本没有见过这两种动物，不肯承认无知，又卖口乖，可谓"说风"不正。

说话禁忌多，而常有人犯说假话、说大话、说空话、说套话的错误，对此我们不能掉以轻心。

1. 不说假话

我国人民历来赞颂说真话的美德，反对说假话。因此，《韩非子·外诸说左上》中关于曾子教子的故事，一直流传至今。

曾子的妻子要去市集，孩子哭着也要跟去。曾子的妻子哄他说，你在家等着，等回来给你杀头猪吃。等妻子回来后，曾子为了让孩子相信母亲的诺言，把妻子开玩笑说的话付诸实施，将猪杀了，在孩子眼中维护了母亲诚实的形象。

曾子的妻子是有意骗孩子吗？恐怕未必。但起码可以说，她没有意识到这种哄孩子的教育方式有多么深的危害性。一次谎话可以使孩子从小沾染不必负责这种不良习气。曾子的行动虽近乎愚拙，也未必有效，但他坚持了最可贵的精神——不说假话。

一个不说真话的人，事实上是不能与人沟通、交流的，即使在一段时间内可能获得某种交际效果，但最终还是要付出代价的。

然而，在现实生活中，说真话不是任何人在任何情况下都能办到的，特别是在交际环境不正常时更是如此。

有时，说话人受某种环境的制约，在进行言辞表达时，也可能在"真实"上打一些折扣。应当说，这是一种说话的策略，与我们所强调的真实性原则是有区别的。

2. 不说空话

吹肥皂泡是孩子喜爱的游戏，一个个大大小小的肥皂泡，在阳光下闪耀着五彩的光泽，随风飘荡，异常美丽，但升不了多高，就一个接一个破了。因此人们常常把说空话比作吹肥皂泡，实在恰当不过了。空话总是充塞着各种动听、虚幻而迷人的词句，却没有半点儿实在的内容，它迟早会被揭穿的。

有一次，列宁参加一个会议，议题是讨论关于彼得格勒的工业恢复计划的问题。人民委员施略普尼柯夫做这一问题的报告时，用了许多美丽动听的词句，描绘出一幅十分诱人的前景。做完报告后，洋洋自得的施略普尼柯夫认为那些精彩的演说词必定会受到列宁的称赞。可是列宁却向他提了几个问题：目前在彼得格勒有哪家工厂生产钉子？产量多少？纺织厂的原料和燃料还能保证用多少天？这些简单的问题把做报告者问得张口结舌，只好老老实实承认没有下去看过。列宁批评说："谁需要你们那些大吹大擂毫无保障的计划？针线、犁、纺织品在哪里？你们如何为农村保证生产出这些东西？你不能回答这些问题，原因只有一个，就是实际的计划工作被你们用漂亮的言辞和废话代替了，这是欺骗。"

3. 不说大话

为了让人留下印象而夸大事实，常常反倒造成了负面印象，因为真相迟早都会被揭穿。

甲用暴发户的口气告诉乙："我把100元大钞往柜台上一扔，要店员把领带给我包好。"

乙听了禁不住想笑，因为当时他也在场，知道店家还找了甲30元，此君的说法非但有违事实，竟还大言不惭地说自己将钱扔在柜台上，对店员颐指气使，实在俗不可耐到了极点。

说话的态度正可以显示我们的修养，客观说话正是品质的表现。

4. 不说套话

还有一种令人反感但又常听到的话就是套话，我们也要坚决杜绝。

长期以来，形式主义的恶习禁锢着一些人的头脑，他们惯于用一些现成的套话来代替自己的语言，用一些流行的名词代替自己的思想，三句不离口号，颠来倒去几个名词，既没有思想性，又没有艺术性。前些年，有人做报告一开口就是"国内形势一片大好"，然后就是社论式的语言，结尾又离不开"奋勇前进""争取胜利"之类的话，由于没有切实生动的内容，没有独特的语言，使人感到单调干瘪。

苏联的教育家加里宁曾讽刺过那些说套话的人，他说："什么叫作现成话呢？这就是说，你们的脑筋没有起作用，而只是舌头在起作用。说现成的套话不能使人产生印象。为什么呢？因为这话用不着你们说，大家也知道了。你们害怕若按照自己的意思来讲话，那就会讲得不漂亮，其实你们错了。"

总之，"四话"危害性很大，它们使人沉浸在一种夸夸其谈的恶劣氛围中，如果"四话"不除，很难锻炼出良好的口才。

不揭他人的短，给人留台阶

世界上没有十全十美的人，每个人总有自己的弱点、缺点或污点，在谈话时一定要避开对方所忌讳的短处，因为忌讳心理人皆有之。如果在交际场合揭人家短处，轻则遭人冷眼，重则可能引发事端，祸及自身。

老任身材高大、外形俊朗，美中不足的是中年微秃。虽然这纯属白玉微瑕，老任却深以为憾。如果有人戏说他"怒发难冲冠"，他准会茶饭无味，三天三夜难以入睡；即使在他面前无意中说"这盏灯怎么突然不亮了"或"今天真是阳光灿烂"等话，这位平素温文尔雅的知识分子也会愤然变色，有时竟至于怒目圆睁，拂袖而去，弄得说话者莫名其妙，十分尴尬。

这使人联想到鲁迅笔下的阿Q。阿Q惯用精神胜利法安慰自己，因而少有耿耿于怀之事。别人欺他、骂他、打他，他都善于控制自己，心理很快会平衡，唯独忌讳别人说他"癞"，因为他头皮上确有一块不大不小的癞疮疤。只要有人当着他的面说一个"癞"字，或发出近于"癞"的音，或提到"光""亮""灯""烛"等字，他都会"全疤通红地发起怒来，口讷的便骂，力小的便打"。

其实，不仅老任和阿Q是如此，忌讳心理人皆有之。当过长工、后来揭竿而起并终于称王的陈胜就忌讳别人说他是庄稼汉出身。有几位患难弟兄在陈胜面前不知趣地提起"有损领袖形象"的往事，结果招来杀身之祸。你看，陈胜的忌讳心理是多么强烈，这几位患难弟兄因不谙忌讳之术而丢了脑袋又是多么可悲！

摩洛哥有句俗语叫："言语给人的伤害往往胜于刀伤。"这是实情。同事之间为搞好关系，不要揭人短处。

揭短的言语不论是对人或对事，都会让人受不了，会使人际关系出现阻碍。同事们宁可离你远远的，免得一不小心被你的直言直语灼伤；即使不能离你远远的，也要想办法把你赶得远远的，眼不见为净，耳不听为静。

一天，在公司的集会中，张先生看到一位女同事穿了一件紧身的新装，与她的胖身材很不相称，便直言直语道："说实话，你的这件衣服虽然很漂亮，但穿在你身上就像给水桶包上了艳丽的布，因为你实在是太胖了！"

女同事瞪了张先生一眼，生气地走开了，从此再也没有理过他。

揭短犹如一把利剑，在伤害别人的同时，也会刺伤自己。

俗话说："打人不打脸，骂人不揭短"。人既是最坚强的，也是最脆弱的。尤其是当一个人觉得他的自尊受到伤害，他将要颜面扫地时，他的潜能就会爆发出来，他会死要面子，死"扛"到底。因此，在说话交谈时，必须注意不能一味地揭他人伤疤。

传说清朝乾隆年间，杭州南屏山净慈寺有一名叫诋毁的和尚。人如其名，这和尚聪明机灵，又心直口快，常常议论天下大事，指点江山、激扬文字，少不了对朝政指指点点，而且有什么说什么，想讲就讲，想骂就骂。

后来，乾隆下江南时来到杭州，听说了此人。乾隆心中不悦，暗想：天下竟有如此狂妄之人，我去会会他，只要让我抓住把柄，我就狠狠地治治他。

于是，乾隆便乔装打扮一番，扮作秀才模样来到了净慈寺。

乾隆找到诋毁和尚，相互寒暄一番。忽然，乾隆看见地上有一些劈开的毛竹片，便随手捡起一片问道：

"老师父，这个叫什么呀？"

按照当时的说法，这种竹片叫"篾青"，就是"灭清"的谐音。

诋毁刚想回答，觉得有点儿不对劲，再看看眼前这位秀才，气宇轩昂，不像是个普通的秀才，于是眼珠一转，答道：

"这个我们都叫它竹片。"

乾隆一听，心中赞叹：好个竹片，和尚你有两下子。但乾隆不甘心，随即将竹片翻过来，指着白的一面问：

"老师父，这个又是什么呢？"

"这个吗……"诋毁心想，若回答"篾黄"又是"灭皇"的谐音，肯定不妥，便改口道："噢，我们管它叫竹肉。"

乾隆又失败了。

从这个小故事中我们可以看出诋毁和尚的机智。其实每个人都一样，如果多注意回避他人忌讳的东西，就能省去很多不必要的麻烦。

凡是弱点、缺点、污点，一切不如别人之处都可能成为忌讳之处。总结起来，有三个方面一定要多加注意。

1. 丑陋之处

人人都有爱美之心，不幸的丑陋者和残疾者大多有自卑感，不愿听到跟自己的短处有关的话题。谢顶者忌说"亮"，胖子忌说"肥"，矮子忌说"武大郎"，其貌不扬者忌说"丑八怪"，跛子忌说"举足轻重"，驼背忌说"忍辱负重"等。这种完全正常的心理应该得到充分理解。

有生理缺陷的人本来就很痛苦，如果再被别人拿来取乐，会给他们造成很大的伤害，这样很容易激怒他们。比如有的人很胖，有的人很瘦，有的人很高，有的人又很矮，有的人长得很丑等。这些本是有目共睹的事实，别人不提也罢，但是如果以讥讽的口气当众指出时，就会使人感到难堪，产生不满。

报上曾有过一则新闻：一位女中学生，只因为有人说了她一声"胖女人"，羞愧之极，竟绝食身亡。

有时候，说话者由于不小心而在言辞中触及他人的生理缺陷，人家虽然当面没对你发火，但心里却在记恨你。

有些人因不明情况而在谈话内容中无意触到对方短处，还情有可原，因为不知者不为罪，可有人偏偏口下无德，爱揭人短处。

这种人，时时处处注意他人的生理短处，拿来取笑，可也要小心自己有把柄被别人抓住，以免后患无穷。伤了别人，对自己也不见得有多少好处，还是少说这类话为佳。

2. 失意之处

人生在世，总希望自己能一帆风顺、有所作为，实现人生的价值。但是，月有阴晴圆缺，人难免有失意之处，或高考落榜，或恋爱受挫，或久婚不育，或夫妻反目，或就业不顺利，或职称评不上，诸如此类的失意之处暂时忘却倒也轻松，有人有意无意提起就使人心灰意懒，沮丧不已。万事如意、踌躇满志之人则多以昔日的失意为忌讳，生怕传播开去，有失脸面。

小赵是个热心肠的人，不管是朋友、同事或邻居，谁要是有个三灾四难的，他总是跑在头里，帮人家出主意、想办法，排忧解难，从不计较得失，深受大家好评。但小赵有个缺点，就是爱打老婆。

有一天，邻居有夫妇俩因家庭琐事引发了一场战争，丈夫把妻子打得大哭大叫的，惊动了小赵。小赵虽然自己也打老婆，但他却看不惯别人打老婆。他进屋劝解，让他们夫妻有事好好商量，别采取这种过激的方式。谁知他刚说了两句，那个男邻居就让他走开别管，并说："你自己都管不了自己，还管我们的闲事呀！"这句话一下子触到了小赵的短处，他的脸当场变得通红，要不是在人家屋里，他非揍那个男人不可，他忍了忍回自家屋了。事后，男邻居认识到那天说的话不妥，上门向小赵道歉，小赵表面上虽然原谅了他，但对那句话一直耿耿于怀。从此，那个邻居家无论有什么事小赵也不搭腔了。

3. 痛悔之事

人的一生中免不了要犯这样或那样的错误，而一旦认识错误便会痛悔之至，以后一想起自己曾犯过的错误就自觉脸上无光。犯过品质错误（如曾有偷窃行为或生活作风问题）者更是讳莫如深，如果听到有人说起类似的错误，就会有芒刺在背、无地自容之感。

在人生道路上人人都难免失足、犯错误，只要改了就好。有些问题一旦改正了，成了历史，当事人就不愿意提及这不光彩的一页，更不希望有人拿它当话把儿，到处去说。如果有人拿这些问题做文章，就等于在人家伤口上撒盐，就有损人家的名誉，这也是不能容忍的。

有一位青年工人，小时候不懂事，曾犯过错误被劳教一年。从此他接受教训，参加工作后，他严格要求自己，积极工作，多次受到表扬，后来当上了车间的一个组长。可是有人不服气、不服管。有一次，小许在工作中私自外出被他发现，便提出批评。小许不服气，揭人家的短说："你是多大个官呀？还想管我？一个解除劳教人员，哼！"要是说别的他也许并不急，可是揭过去的疮疤他就急了，火气十足地说："你再说一遍！""我就说，劳教释放……"没等他说完，组长的拳头就打了上去。

翻人家的污点，触及人家的短处，不管是有意还是无意，对己对人都是不利的，我们在交际时应该小心这一点。

滑稽≠幽默

很多研究表明，在演讲中运用幽默是有益处的。重要的一点是听众喜欢具有幽默感的演讲者，也许听众不会自动将演讲者的话视为真理，但是他们会更乐意接受演讲者所传达的信息。

将幽默巧妙地融入演讲中，能把听众的注意力吸引到主要观点上。社会学研究表明：人们对于融入笑话或者逸事中的信息的记忆时间要长于对于纯粹信息的记忆时间。许多演说家追求的理想境界是将观点融入一个笑话中，当听众记住这个笑话并将它讲给别人听时，他们会很自然地记住其中的观点。

因此一个初次登台演说的人，常认为自己应该像一个演说家那样带有幽默性，即使他在平时言行庄严，但是，当他站在讲台上要讲话的时候，一开始就想先讲一则幽默故事，尤其是在饭后举行演讲时，更易发生这种情形。结果，他自以为十分得意的作风，竟会使听众感觉到像读字典一样乏味，他的故事根本不会引起人家的兴趣。

遗憾的是有很多人把滑稽与幽默混为一谈，其实滑稽和幽默是不同的。滑稽是一些笑话或有趣的动作等，而幽默是一种更高层次的智慧积淀。那些在马戏团、喜剧俱乐部或者议会工作的人具有滑稽的天赋。但是我们都知道，一个具有幽默感的人甚至可能不会讲笑话。他不会使你开怀大笑，但是能让你感到气氛很友好，博得你的浅浅一笑。这恰好是你在演讲中应努力达到的境界。你要学会在演讲中运用幽默感，而不是用笑话展现自己滑稽的一面。

你听说过哪一个演讲者以一个毫无意义的笑话开始他的演讲？如果演讲者在演讲开始讲一个毫无意义、毫不相关的笑话，听众会有什么反应呢？可能这个笑话很滑稽，你会开怀一笑。即使是这样，这个笑话也只是分散一下听众的注意力，因为它对演讲毫无帮助，只是在浪费时间。

另一种糟糕的情况是听众对演讲者讲的笑话没有反应，这称作笑话的"炸弹效应"。听众都明白演讲者的意图，试图展现滑稽的一面，但是没有人回应，这时演讲者会在一片寂静中感到很紧张，听众也会感受到这种紧张的气氛（听众甚至会看到演讲者脸上渗出的汗珠）。在这种情况下，演讲者就陷入笑话炸弹效应的尴尬境地中了，而且很难摆脱。

一个舞台上的演员，如果他对观众说了几则自以为幽默而实际上乏味的故事，他立刻会被喝倒彩并驱逐下台。当然，演讲台下的听众要文雅得多，他们比较具有同情心，但是他们虽然被同情心驱使勉强在表面上克制着，或不至于对演说者发出嘘嘘声，心里却不禁要为他的演说失败而深感失望！

整个演说中，没有比让听众高兴得发笑更为困难的。幽默是一件十分微妙的事，和一个人的个性有着密切的关系，有的人生来就有这种天赋，但有的人却没有。一个没有幽默天赋的人，如欲勉强做得幽默，就如一个碧眼的人想把他的眼睛改成黑色一样。

要知道，一个故事的趣味很少含在故事本身里，故事之所以有趣，完全得看讲故事的人是怎样的讲法。100个人同讲一个幽默故事，有99个人是要失败的。如果你确知你是一个具有幽默天赋的人，你就应该努力培养你的这份天赋，使你无论到什么地方都备受欢迎。但是，如果你的天赋不在这方面，而你硬要去学幽默，就是"东施效颦"、愚不可及了。聪明的演说家们从不会为了只想幽默而讲一则故事。幽默有如糕饼上的糖霜，而不是饼本身，所以只能巧妙地穿插一些在演说里面。例如，驰名美国的幽默演说家利兰，为自己定了一个规矩，在开始演说后的3分钟内绝不讲述故事，这个规矩也值得我们效法。

另外要强调的是，使用伤害性的幽默也属假作幽默之列。有的人为了表现幽默，不惜使用一些令人反感的言辞，以牺牲感情为代价，结果只会适得其反。幽默本来应该是演讲者与听众之间的桥梁，然而在此却变成了一种伤害，这不能算作是真正的幽默。

因此，首先应该尽量避免有关个人性别和种族的笑话，这是一个基本常识，很多人认为种族和性别问题是很令人反感的。能够起控制作用的不是演讲者的想法，而是听众的感受。可能有些人会很反感你讲的笑话，而这些人实际上并不是笑话的攻击对象。这里要提醒一下：有关艾滋病的笑话同样令人反感。

假如你正在听笑话，并且你是爱尔兰人，而笑话正是有关爱尔兰人的，你的感觉如何？专家们建议不要使用这种话题的笑话，但有些人还是要冒险使用。请你牢记一点，你是想利用幽默交友，而不是树敌。

其次，你听过演讲者使用"男女混合公司"这个短语吗？演讲者可能是这么说的："我知道一个笑话，但是我不能在男女混合的公司里讲。"应避免说这个短语，因为它的使用要考虑听众的性别。如果公司中只有男性职员，演讲者可以讲这个笑话，因为它只会冒犯女性而不会使男性职员反感。

很多女性都反感黄色幽默。所以辞典中将"男女混合公司"定义为具有高雅品位和低俗品位的人的混合。通常听众不全是由低俗的人组成的，如果你总是在男女混合公司里讲黄色笑话，肯定会冒犯听众的。

最后，"讽刺"这个词起源于古希腊，在文学作品中被演化成"摧残肉体"。现在人们已经很少使用讽刺这个词了，但是这并不意味着它已经被人们完全遗忘了。那些使用大量讽刺性质笑话的演讲者的主要目的是显示他们的智慧，不幸的是，这些伤害人的话语只能表现演讲者邪恶的一面。

虽然讽刺有时可以用来有效地攻击演讲者与听众的公敌，但是这并不意味着听众可以坦然地面对讽刺。听众都知道讽刺随时会转向他们，尤其是在他们提出敏感话题的时候。面对尖刻的演讲者，听众会感觉很不自在。很多演讲者利用幽默来缓解紧张气氛，讽刺则会起到相反的作用。

那么，难道演说的开头应该严肃吗？不，如果你能够，不妨在开头先引用几句名演说家说过的话，或是谈一些涉及当时的事情使大家发笑，或是故意夸大地批评一些矛盾的事。这样的幽默，比引用那些引人发笑的故事有更多成功的机会。

引人发笑的最简便的方法，是讲一些关于你本人可笑的事件，把自己说得十分可笑，而又装得好像有些发窘，那么听众的心理，恰如见到一个人因果皮滑了一跤，或一个人正在拼命追赶他那被风吹去的帽子一般，觉得十分好笑。

瞅准对象说好话

讲话的目的是为了让别人听，要使人家能听懂、听清、听进去，你就应该注意说话的对象。

每一个人在社会中都扮演一些不同的角色，而不同的角色使人在心理上、在意识上等方面都会有一些不同的特点，而由此又决定了人们对于语言表达的内容、方式的选择和接受的某些取向。

正因为如此，同一个意思，不同的人可能就会采取不同的表达方式，而我们这里尤其强调的是同样一句话，不同的人听来，会有不同的甚至是截然相反的反应。

这样，说话要看对象就成了口语交际中必然而又重要的要求了。如果忽略了或无视这一要求，就必然会给交际带来不好的影响，甚至还会使交际无法正常进行。

人与人之间的差别是多方面的，就口语表达和接受而言，最大的现实差别主要有以下几个方面，而口语交际中的"不看对象"，也主要表现为对以下一些方面的"不注意"。

1. 不注意年龄差异

我们经常可以发现，小孩之间的吵架常常是由于互相诋毁导致的。

"阿军，你为什么又跟小亮打架呢？"妈妈问道。

"谁叫他骂我是个秃子！"阿军愤愤地说。

"你长得真像个包子！"一个小男孩对旁边的女孩说。

女孩马上反驳道："你以为你长得美呀，哼，芦柴棒一根！"

年龄的不同，会导致听话者对话题反感的程度不同。像小孩，你就不能指责他；而对于老人，最忌讳提及"死"字。

几位年轻工人去看望一位退休多年的老师傅——

"您老身体真硬朗，今年高寿？"

"79，快80了。"

"好呵，人生七十古来稀，厂里数您最长寿吧？"

"哪里，老宋才是冠军，他活了85岁。可是年岁不饶人，他前不久去世了。"

"唷，这回该轮到您了！"

老师傅一听这话，脸色陡然变了。

不要把听话者一视同仁，你不仅要考虑他的性别，还要考虑他的年龄。

2. 不注意语言差异

世界上有许多种语言，受各方面因素的限制，大部分人只能掌握和运用本国或本民族的语言。即使是本国或本民族语言，还存着方言不同的问题。如汉语，使用它的人遍布全国各地，但每个地区都有自己的方言，这给口语交际带来了极大不便。

同样的话在不同的地区可能会有不同的意思，所以说，交谈时要注意对象在语言上的差异。

有些人不注意这一点，在不同地域的人面前也用方言，结果闹出笑话，有时候甚至会产生不良后果。

有这样一个笑话，说是有个广州人在北京排队买东西，他对站在最后的一位女青年说："同志，你最美（尾）吧？"中国女子不像某些西方女子那样喜欢人家公开夸她漂亮，特别不喜欢素不相识的异性同她搭讪或夸她漂亮，结果，那个女青年白了他一眼。那个广州男子见她不出声，就顺口又说一句："我爱（挨）你站着！"这一下可把那个女青年惹火了，劈头盖脸就骂："你这个人咋的，想要流氓吗？大白天的，又不认识你，什么美呀！爱呀！想到派出所去是不是……"那个广州人挨了一顿骂，有口说不清。后来，一位到过广州的女同志才给那个女青年解释清楚了。原来那个广州人说的是"同志，你排的是最后一个吧？"他把"最后"说成"最尾"，"尾"字和"美"字，广州人用普通话表达不容易分得清；同样，"挨"和"爱"字也容易混淆。

我们国家疆土辽阔，文字同而言语异，南人不习北语，北人不懂南话，这不仅影响了社会交际，而且每每闹些误会，令人啼笑皆非。上述故事正反映了这种现实。

可见，在进行口语交际时，如果不注意交际对象在语言上的差异是会妨碍交际的。

3. 不注意文化层次差异

一位大学毕业生分到一家厂子工作，起初感觉不错，但没过几个月，发现车间主任对他越来越冷淡了，他很迷惑。后经一位好心师傅指点他才恍然大悟，原来他在学校待惯了，说话爱用些术语，像什么"最优化方案""程序化""目标管理"等，而车间主任只上过技校，最烦别人在他面前咬文嚼字、卖弄学识。

到什么山上唱什么歌，当你与不同层次的听话者说话时，你就必须用他所具有的文化水平说话。一般来说，文化层次越高的人越喜欢用一些典雅的言辞。

4. 不注意风俗习惯的差异

由于人们所处的地域不同，所以形成了不同的风俗习惯。不同的交谈对象可能会有不同的风俗习惯。如果不注意交谈对象的风俗习惯，也可能会造成失误，影响交际。

一位美国生意人来到一家公司洽谈生意。美国客商刚走下小车，公司经理迎了上去，一句生硬的英语脱口而出："You had breakfast yet？"（您吃过早饭了吗？）

经理这一问可把美国客商问懵了，他看了看周围的人，又拿出表看时间，很是莫名其妙。他问身边陪同的翻译人员："这家公司的先生没有邀请我吃饭呀！现在都10点钟了，还没吃早饭吗？"这位翻译员突然省悟过来，连忙解释，才避免了一场误会。

原来，在西方国家，如果你问对方吃过饭没有，他们会以为你想邀请对方就餐或吃点儿东西。假如对方回答："还没有吃过"，你又不发出邀请，对方则会认为你要弄他们。前面经理的"您吃过早饭了吗"本来是一句典型的中国客套话，可是外商理解不了，险些造成误会。

此例告诉我们，说话要注意区分对象，注意交际中的习俗，即使客套话也不例外。

5. 不注意心理因素

人们由于性别、年龄、经历等方面不同，造成人与人之间的心理差异。例如有人性格开朗，有人性格内向；有人是多血质，有人是抑郁质；有人爱好玩乐，有人爱好学习等这些都表现出人与人之间的心理差异。交谈时如果不注意这一点，也容易出问题。

切忌"哪壶不开提哪壶"。这是一句老话，指的是在交际中，一方提到了另一方最不想提的话题。而在日常的口语交际中，这样的人确实有不少。

某学校分配住房，一位青年教师"谎报军情"，本来没有登记结婚，填表时却写上已登记，结果取得了分房排队的资格。

到分房子的时候，排在他后边的人揭穿了他，使得他当场被宣布取消了分房资格。

当天，这件事情就传开了，很多人都知道了。这天晚上，这位青年教师的一位同事遇到他，关切地问了一句："听说你这次分房遇到了点儿麻烦？"

要说这句问话也算得上"委婉"了，因为并没有直接说出"作弊"之类的话，而只是说"麻烦"。可无论如何，这样的问话毫无疑问是有害而无利的，只能使对方陷入尴尬甚至痛苦的境地，并由此而不悦，上火、生气。

因此，哪壶不开提哪壶是极不明智的，尽管你的出发点可能并不坏，但是绝对不会有好的结果。

像遇到上边那种情况，比较合适的做法是说点儿别的什么，甚至于什么也别说，点个头，打个招呼也就可以了。

跟得意人谈你的失意事，他至多做表面功夫，绝不会表示真实的同情，有时也许会引起误会，以为你是请求帮助，他会预先防备，使你无法久谈。所以要诉苦应向"同病"的人去诉苦，同病自会相怜，可得到精神上的安慰，可以稍解胸中不平之气。你要谈得意事，应该向得意的人去谈，你捧他，志同道合。若你涵养功夫不够，稍有得意事便要逢人告诉，自鸣得意，结果让人骂你小人得志，笑你沾沾自喜，也许无意中引起别人的妒忌。另外，偶有不如意事，你觉得抑郁牢骚，有如骨鲠在喉，总想一吐为快，最好的办法：得意事要放在肚里，失意事也要放在肚里，不要随便对人乱说。

总而言之，你要说话先要看准对方，他是愿意和你说话的人吗？如果不是，还是不说话为妙；这个时候，是你说话的时候吗？如果不是时候，还是沉默的好。说话的成功与失败与时机有关系，多说话未必当你是能干；少说话未必当你是呆子。

用恰当的方式说恰当的话

在交际中，如果不注意说话方式，所用的说话方式不恰当，对方就会据此误解你的语意。出现理解上的歧义时，可能会造成不良后果，从而影响正常交际，违背表达者的初衷。

讽刺、挖苦是一种有强烈刺激作用的表达方式。它往往是以嘲笑的口吻说出对方的缺点、不足之处，使人当众丢丑，难以忍受，轻则导致对方反唇相讥，重则大打出手，造成很恶劣的后果。

某主任如此议论他的下属："黄×那个人这辈子算是白来了，堂堂大学毕业生，找不上一个老婆，姑娘们见面就摇头。他写的那个文章，就像小学生作文，前言不搭后语，字还没有蜘蛛爬得好。我要是他，早找根草绳上吊了……"

黄×后来听到这些议论，索性在工作时一字不写，利用业余时间写小说、写报告文学。

作为工作中的上级和情感上的朋友，看到下级及朋友身上存在缺点和不足，应该正面指出来，指导他、帮助他，促使他前进，而不应该取笑他。那些总是取笑别人的人往往缺乏自信心，对前途有一种恐惧感，害怕别人看不起自己，因而借取笑别人来释放心中的压抑，试图改善自身的形象。岂不知，这样做恰恰破坏了自我形象，引起他人的反感与对立。

因此，讽刺、挖苦的表达方式不可轻易使用。粗俗谩骂的说话方式也应该予以摒弃。

说话要讲究文明礼貌，这是最起码的要求。口语交际中，说话粗俗不雅、满口脏话，甚至谩骂、恶语伤人等不文明谈吐，是对他人的侮辱，是令人难以忍受的。这种说话方式往往造成不愉快的后果，影响交际，破坏风尚。

比如，在交际中发生了矛盾。有人在气急的情况下，常常骂人，口吐脏话，如说："你这是胡说八道""你是什么东西"。不管在什么情况下，这样的谩骂都是无礼的行为，都易激怒人。

还有一种情况，就是有的人说话爱带"话把儿"，比如"他×的"等，而且形成了不良习惯，成了口头禅。在他们看来是无意的，可是别人听来就很刺耳，就难以容忍，极易做出强烈的反应。

从表达的语气语调来看，说话方式还有刚柔软硬之分。一般情况下，柔言谈吐，语气温和、用词恰当，如和风细雨，听来亲切，易于被人接受，产生好感。即便是在内容上有违对方的意思，也不至于当场把对方得罪。相反，刚烈之言，语气生硬、高声大嗓，如同斥责训教，听来刺耳，使人感到难受、反感，有时甚至说话的内容并无问题，但就因使用了这种刺激人的说话方式，仍然会使人生气、发火，得罪人。

对于一个不同意自己观点的辩论对手，如果说："你这个人不可理喻！"对方必然要做出强烈的反应。

当自己的意见不被对方理解时，就生气地说："和你说话，简直是对牛弹琴！"对方会感到是一种侮辱，与你对抗。

某人要外出，找人代买张车票，他硬邦邦地说："你给我带回一张车票，送到我家去，我要出差，听见了吗？"对方听了这口气，心里会痛快吗？他可能一句话就顶回来："对不起，我今天没有空儿。"

对一个在工作上信心不足的人，同事恨铁不成钢地说："你也太不像话了，人家能做到你为什么就做不到？你也太不争气了！"他马上会不满地接话说："你算老几呀？用你来教训我！"说完拂袖而去。

类似的生硬说法都会在不同程度上得罪人。

生硬话、愤怒话，大多是顺口而出的，没有经过推敲，因而有失分寸是很自然的事。这种语言又多是"言出怒出"，它如同烈火一般，常常起到破坏作用。

每个人都有很强的"自我意识"。在说服对方的过程中，为了不伤害对方的自尊心，就应尊重对方的"自我意识"。

很早以前就听说过，设计相同、质地相同的高级女服，价格越贵越容易销售。一家服饰店的老板讲了这样一件事。有一次，店中刚雇用不久的店员对一位正在挑选西装的顾客劝说道："这边是比较便宜的！"结果这位顾客突然大怒，当老板慌忙跑来之后，她又气势汹汹地说道："什么比较便宜？我又不是没钱，你太没礼貌了！"后来老板赶紧连声道歉才算了事。

这种情况不仅限于商业中，在我们与对方交流的过程中，常常因为没有考虑到对方的自尊心、虚荣心，使用了不慎重的态度或语言而导致失败。尤其是说服自尊心、虚荣心强的人时，这种情况便会成为必然。因此，说话就必须注意不伤害对方的自尊心、虚荣心，而应照顾到对方的强烈的"自我意识"，使他接受你的观点。

我们在交谈时常常会犯这样一个错误，就是当发现对方有明显的错误时，会不客气地批评对方说："那是错的，任何人都会认为那是错的！"这样一来，对方的自尊心会受到伤害，而突然陷入沉默。

批评是我们常要做的事，尤其当你是一位长辈或领导时。但我们有些人批评起来简直让他人无地自容，下不了台阶。其实，这种批评方式不但无法达到让他人改正错误的目的，而且有碍于你的人际关系。既然如此，为何还要使用这种"残酷"的手段呢？在生活和工作中，我们不可能没有批评，但要学会巧妙地批评，让他人既意识到自己的错误，并尽快改正，同时也理解你善意批评的意图，使他对你心存感激。或者批评之前先总结一下他人的优点，然后慢慢引入缺点。在他人尝到苦味之前，先让他吃点儿甜味，再尝这种苦味时就会好受些。

约翰找了一个就是奉承也无法说漂亮的女士为妻，可是几个月之后，他妻子却变得像"窈窕淑女"一般的美丽，简直是判若两人。

这位女士在结婚之前，不知为什么对自己的容貌有强烈的自卑感，因此很少打扮。当时因为是大战刚结束，物质极端贫乏，人们的穿着都很普通。当然，她也太不讲究了。不，不是不讲究，而是认识出现了偏差，认定自己不适合打扮。她有一个非常漂亮的姐姐，这也使她产生了强烈的自卑感。每当有人建议她"你的发型应该……"时，她都怒气冲冲地说："不用你管，反正我怎么打扮也不如姐姐漂亮。"她把自己的容貌未得到赞美的不满情绪转嫁到不打扮这一理由上，并且加以合理化。

到底约翰是怎样说服他的太太，使她发生变化的呢？根据他自己说，当他的太太穿不适合她的衣服时，他什么也不说，但是，当她穿上适合她的衣服时，他便夸奖说"真漂亮"；发型、饰物也是如此。慢慢地，她对打扮有了信心，对于容貌所产生的自卑感自然也消除得无影无踪了。

间接指出别人的不足，要比直接说出口来得温和，且不会引起别人的反感。不管说话目的是什么，我们都应该采取委婉的方式，这样效果会好很多。

"常有理"最终会变成"常无理"

　　在日常的许多事情中，没有几件是值得我们以牺牲友谊为代价来换取的。而有些人却偏偏如此做，好像他的精神和时间都不值钱，更不用说感情的损害了。除了彼此都能虚心地、不存半点儿成见地在某一个问题上专门讨论之外，一切的争辩都是应该避免的，即使这是一个学术性的争辩。

　　哲学的唯物与唯心争论了两千余年，至今胜负未分；心理学各种理论的争辩也至少有几百年，现在还是不分高下。你可以看书阐述你的主张，但是不可在谈话中处处争辩。才智是可敬佩的，但好胜不是。而且，你应该听过"大智若愚"的话吧！修养高的人，绝不肯轻易与人计较。

　　留心我们的周围，争辩几乎无处不在。一场电影、一部小说能引起争辩，一个特殊事件、某个社会问题能引起争辩，甚至，某人的发式与装饰也能引起争辩。而且往往争辩留给我们的印象是不愉快的，因为它的目标指向很明确：每一方都以对方为"敌"，试图把自己的观点强加于别人。

　　你喜欢和人争辩，是否是以为你用争论压倒了对方，就会得到很大的利益呢？你要明白，你必定压不倒对方。即使对方表面屈服了，心里也必悻悻然，你一点儿好处也得不到，而害处却多了。好争辩，第一，它使你损害了别人的自尊心，令人对你产生反感；第二，它使你很容易犯专去挑剔别人缺点的恶习；第三，它使你变得骄傲；第四，你将因此失掉所有朋友。

　　请从体育精神做起吧，输了不必引为可耻，而后竭力去学习尊重别人的意见。好胜是大多数人的弱点，没有人肯自认失败，所以一切的争辩都是没有必要的。谈话的艺术就是提醒你怎样游出这愚蠢的旋涡，更清醒地去应付一切。如果能够常常尊重别人的意见，你的意见也必被人尊重，如此，你所主张的就很容易得人拥护，而不必把精神花在无益的争辩上。你可以实现你的主张，你可以左右别人的计划，但不是用争辩的方法来获取。如果你想借某一问题增加你的学识，你应该虚心地请教，而不要企图借助争辩。请记住：争辩是一场无期的战争。

每个人的见解、主张都是经过长期的生活经验形成的，你不可能在短时间内通过一场争论改变它。因此，当你遇到与别人意见不同的情况时，一方面不要太过心急地要求别人立刻同意你的看法，应该学会理解、同情对方，容许别人做更多的考虑；另一方面也不要因别人的意见一时和自己不同，就说什么"话不投机半句多"，跟人断绝交往，闭口不说话。如果你能很礼貌又很谦虚地听取别人不同的见解、主张，必然会受到人们的欢迎和尊敬。

我们都知道推销员一般能说会道，有好的口才，但这种口才是说服客户或顾客购买自己的产品，而不是让对方承认自己说得有道理。

小王是公司的推销高手，销售业绩连续3年居公司第一，是公司公认的金口才。他刚刚从事推销时的一件事对他触动很大、影响很深。

小王公司生产的产品是一种更新替代型产品，与原有产品相比，功能加强了，售价也不高。小王刚开始去推销时，遇到的第一个顾客可能思想有点儿保守，接受新事物有些慢，只承认原产品好，对新产品的优点视而不见。小王不服气，他拿出新旧产品的产品说明书，两相对照给顾客讲解；同时又实际进行操作，证明新产品功能确实比旧产品好；然后进行性价比、产品生命周期对比。最终，顾客在小王的攻势下不得不承认小王说的是对的，替代产品确实比原有产品好，但顾客却没有购买新产品。

让顾客认同了自己的观点，小王成功了吗？没有，推销员应该有好的口才，口才体现在让顾客购买自己的产品，而不是让顾客不得不承认你正确。

小王正是从这件事中吸取了教训，以后经过刻苦的学习和训练，才坐上了公司推销的第一把交椅，成为公认的金口才。

切记："常有理"不是金口才，在谈话中，有输才有赢。给对方留一点儿空间，也就给自己留下了回旋的余地，离你的目的也就更近了。

当你觉得某些情况下不得不争论一番时，最好先问自己几个问题：

（1）这次争辩的意义何在？如果是一些根本就不相干的小事，还是避免争论为妙。

（2）这次争辩的欲望是基于理智还是感情（虚荣心或表现欲等）？如果是后者，则不必争论下去了。

（3）对方对自己是否有深刻的成见？如果是，自己这样岂不是雪上加霜？

（4）自己在这次争论当中究竟可以得到什么？又可以证明什么？

心理学家高伯特普曾经说过："人们只在无关痛痒的旧事情上才'无伤大雅'地认错。"这句话虽然不胜幽默，但却是事实。由此也可以证明：愿意承认错误的人是少的，这就是人的本性。

开玩笑不能越过底线

开玩笑是生活的调味品。开玩笑可以减轻疲劳、调节气氛，缩短和朋友、同事之间的距离；彼此之间产生矛盾时，一句玩笑话可以化干戈为玉帛，消除积怨；开玩笑也可以用作善意的批评或用来拒绝某人的要求。

但开玩笑要把握尺度、掌握分寸，若玩笑开得过火，会给人一种被要弄的感觉；弄不好"说者无意，听者有心"，会加深或引发与他人的矛盾。

爱说笑的人一般都心怀善意，他们想做的只不过是要多给人增加一份快乐而已。但无论如何，玩笑话有伤人的可能，其界限是耐人寻味的。必须随时记住，开玩笑和诙谐会有伤人的危险，要小心翼翼不能踏错一步，否则真是得不偿失。

万一说了伤人的话，一定要诚心诚意地道歉，不能就此放任不管。

开玩笑要注意对象，大大咧咧的人可以经常和他开个玩笑；和过于严肃、喜欢安静的人开玩笑就要轻一些。开玩笑还应注意内容，不能太庸俗、太低级下流，这样会有损于你的形象；也不能拿同事的生理缺陷或隐私来做笑料，因为有些人最害怕别人揭自己的伤疤，一旦有人冒犯他，他的自尊心会让他产生很不理智的行为，生活中这类事时有发生。

每个人都有自己的隐私，而且每个人都不允许别人触及自己的隐私，当然更不允许别人拿自己的隐私开玩笑。如果谁在开玩笑时违反了这一游戏规则，谁就会变成一个不受欢迎的人。

一天，几个同事在办公室聊天，其中有一位胡小姐配了一副眼镜，于是拿出来让大家看看她戴眼镜好不好看。大家不愿扫她的兴，都说很不错。这件事使老常想起一个笑话，他就立刻说出来："有一个老小姐走进皮鞋店，试穿了好几双鞋子都不满意。当鞋店老板蹲下来替她量脚的尺寸时，这位老小姐——我们要知道，她是近视眼，一看到店老板光秃秃的头，以为是她自己的膝盖露出来了，连忙用裙子将它盖住。她立刻听到一声闷叫声：'混蛋！'店老板叫道，'保险丝又断了！'"

接着是一片哄笑声。孰料事后大家竟从未见到胡小姐戴过眼镜，而且胡小姐碰到老常再也不和他打一声招呼。

其中的原因不难明白。说者无心，听者有意，在老常来想不过是说了一则近视眼的笑话，然而胡小姐则可能这样想：你取笑我戴眼镜不要紧，还影射我是个老小姐。我老吗？我才26岁！

所以，说笑话要先看看对哪些人说，先想想会不会引起别人误会。

开玩笑之前，先要注意你所选择的对象是否能受得起你的玩笑，一般人可分为三类：第一种，狡黠聪明；第二种，敦厚诚实；第三种则介乎上面二者之间。对第一种人开玩笑，他是不会使你占便宜的，结果是旗鼓相当，不分高下。第二种敦厚诚实者，喜欢和大家一齐笑，任你如何取笑他，他脾气绝好，不致动怒。对这两种人，你可以先看看对方当时的情形，能否可以开玩笑。而第三种人你要小心。这种人一般也爱和别人笑在一起，但一经别人取笑时，既无立刻还击的聪明机智，又无接纳别人玩笑的度量，如果是男的则变得恼羞成怒、反目不悦，如果是女的就独自痛哭一顿，说是受人欺侮。所以开玩笑之前，要先认清对方。

再者，开玩笑要有轻有重，"重"的玩笑多半是开不得的，它只能在比较特殊的场合才能开。若在一般场合开比较"重"的玩笑，可能就不再可笑了，甚至会变成悲剧。朋友聚会，为了活跃气氛，应该选择一些比较轻松的玩笑开，如果不是特殊需要，切不可开比较"重"的玩笑。

张某和几个朋友一起喝酒，几杯酒下肚后，张某的脑袋就有些昏昏沉沉了。两位朋友边喝边和他开玩笑："瞧你这丑样，你那儿子倒很漂亮，莫不是你媳妇跟别人生的？"张某是个小心眼的人，平时也爱丢三落四，但此时却牢牢记住了这句玩笑话。等张某跌跌撞撞回家后，就向妻子找茬："你说！我长的是啥样，为什么这孩子却是那模样？到底是不是和我生的？"他边说边逼近妻子。突然，他冷不防从妻子怀里抓过孩子，拎着小腿把孩子扔到炕上，又顺手抓起枕头压在了哭叫不已的孩子的脸上，可怜的孩子顿时没有了哭声。见此情景，妻子极力想救孩子，却被丈夫打倒在炉灶前。妻子急恨交加，顺手抓起炉灶旁边的炉钩，死命地甩向张某。只听张某"哎呀"一声，松开了枕头，慢慢地瘫倒在地上。妻子从地上爬起来，不顾一切地向儿子扑了过去。她急忙掀去枕头，儿子的小脸儿憋得青紫，已经奄奄一息了。再看丈夫，他倒伏在地上，一动不动，一股鲜红色的液体顺着他的右腮淌下，原来她甩过去的炉钩的尖端，刚好嵌进张某右边的太阳穴。她见状吓得昏了过去。

一边是只剩下一口气的宝贝儿子，一边是一口气也没有的丈夫。顷刻间，好端端的一家人家破人亡，毁于一旦。

开玩笑之前，务必要考虑这个玩笑带来的后果，不该开的绝不要随便开。有时开玩笑还要考虑到自己的特殊身份及开玩笑的对象，不然也会发生意外，这是应该引起我们注意的。

总之，开玩笑不能过分，尤其要分清场合和对象。开玩笑的忌讳主要有以下几点：

（1）和长辈、晚辈开玩笑忌轻佻放肆，特别应忌谈男女情事。几辈同堂时的玩笑要高雅、机智、幽默，解颐助兴、乐在其中。在这种场合忌谈男女风流韵事。当同辈人开这方面玩笑时，自己以长辈或晚辈身份在场时，最好不要掺言，若无其事地旁听就是。

（2）和非血缘关系的异性单独相处时忌开玩笑（夫妻自然除外），哪怕是开正经的玩笑也往往会引起对方反感，或者会引起旁人的猜测非议。要注意保持适当的距离；当然，也不能拘谨别扭。

（3）朋友陪客时，忌和朋友开玩笑。人家已有共同的话题，已经形成和谐融洽的气氛，如果你突然介入与之开玩笑，转移人家的注意力，打断人家的话题、破坏谈话的雅兴，朋友会认为你扫他面子。

中篇
会办事

第一章

有礼有节，淑女办事先知礼

礼仪是女人社交的必修课

一个受欢迎的女人一定是一个深谙礼仪之道的女人，女人要想在社交中拥有好人缘，就要精通各种礼仪。

礼仪、礼节、礼貌的内容丰富多样，但有着基本的原则：一是敬人的原则；二是自律的原则，就是在交往过程中要克己、慎重、积极主动、自觉自愿、礼貌待人、表里如一，自我对照、自我反省、自我要求、自我检点、自我约束，不妄自尊大、口是心非；三是适度的原则，适度得体，掌握分寸；四是真诚的原则，诚心诚意，以诚待人，不逢场作戏，言行不一。

由于礼仪规范是人的自我修养的重要内容之一，因此在现代社会生活、工作交往中，发挥着越来越重要的作用。

礼仪能够起到美化形象的作用，它要求人们在人际交往中树立良好的形象，其内容十分丰富，包括礼貌、礼节和仪容、仪表美两个部分。如仪表整洁大方，待人有礼貌，谈吐文雅，举止端庄，服饰得体，尊重他人等。总之，只有自己的仪表举止合乎文明礼仪，才能使人乐于与你交往，人与人之间的关系才会趋于融洽。

礼仪能够起到营造人际关系的作用。人际关系之所以能够维持，一个重要的因素就是双方在心理上能够得到满足。在交往中懂礼仪、有礼貌、知礼节，会令对方产生一种被尊重感，取得一种心理愉悦，自然能够为营造良好的人际关系铺平道路。

礼仪就像一座桥梁或一条纽带，使彼此间的陌生感和距离感瞬间消失。礼仪的不同形式就是各种"沟通语言"，它比一般的语言显得更高雅、含蓄，更容易让人接受。

礼仪是人类文明的标尺，是一个人美好心灵的展现。人与社会都离不开礼仪，反过来说，也只有人类才懂得礼仪。生活在社会里，注重仪表形象，养成文明习惯，掌握交往礼仪，融洽人际关系，这是每一个女人人生旅途中的必修课程。作为一个有理想、有追求的现代女人，要注重礼仪的自我修养，在仪容、举止、服饰、谈吐和待人接物等方面都展现出一个女人的教养，并在社会交往中，有所为有所不为，自觉地运用礼仪规范，尊重别人，方算知书达理，方称得上是一个有教养的女人。

礼仪是女人在交际中需要不断修炼的功课，它会使女人增添无限魅力，赢得他人的青睐和尊重。

直面陌生人，"被选择"的自信

"有自信的人最美"是因为那种自信的容貌，会让人觉得充满希望，让人觉得活力十足、魅力万分。培养自己的自信心，要从自己感兴趣的事着手，多接触自己喜好的事物，这样自信自然而然就产生了。

在人际关系中，不论在什么场合，初次见面时太过热衷于争取某件事，只会使人以为你是一个惯于使用手段的女人，是一个自以为聪明的女人，其结果大多是聪明反被聪明误。

人们对于使用手段的女人往往心存一道防线，并且本能地降低对她的人格评价，怀疑她为人的诚实性，认为她心怀叵测，别有企图。

这种急于成功的女人，其实还是对自己没有信心，她们害怕得不到别人的友情、喜欢、支持，害怕得不到自己所期望的东西。她们不敢告诉自己："对方是喜欢我的，支持我的。"甚至会不安地怀疑自己："对方是否讨厌我？"她们的这种想法传染给对方，无意中流露出了自己没有信心的真相。

与陌生人初次见面时，不论是何种状况，都要做到镇定，并善于用眼神表达自己的友善、关怀和愿望，这是一种自信的表现。说话时善用眼神接触，能给对方留下认真、可靠的印象。一般来说，人们对于自信的人，都会另眼相看，并对其产生信赖的好感。如果你含含糊糊、流露出羞怯心理，会使对方感到你不能把握自己，以致对你有所保留。这样，彼此之间的沟通便有了阻隔。

有个求职者自我介绍道："俗话说'胆小不得将军做'，对此，我却不敢苟同，有例为证：汉代韩信为渡过险境，忍受街上小人的胯下之辱，可谓胆小，但是最终成了将军。本人素以胆小著称，却偏有鸿鹄之志，故斗胆前来应聘，我自信能够胜任酒店的这份工作。"言辞之间，充分展现了求职者的聪慧与自信，具有一定的吸引力。

因此，任何时候都要相信自己，按照你的想法开始吧！做事可以胆小，而做人只要你有足够的实力，你就可以放开勇气面对，这是一种心态，这种心态决定了你的命运。

在交往中，如果你缺乏信心，不妨也穿戴上最华贵的"服饰"，找出足以荣耀自我的优点，那么你将不会因感到低人一等而自卑了。所以，聪明的女人要尽量找到自己的长处，即使是自认为不值一提的特长，利用自我扩大法，扩大成足以让你感到自豪的优点，借以缩短与对方的心理距离，这样就会增加自己的自信心。

热情地叫出他人的名字，让他倍感亲切

在日常生活中，我们常有这样的尴尬：碰到一个似曾相识的人跟你打招呼时，你却一下子叫不出他的名字来。这种场合，碰上一次，两次还好，要是碰上多次那就说不过去了，可能会有损你们之间的关系，原本很不错的朋友也会因此而疏远你。

卡耐基曾经说过："一个谁都喜欢的女孩，应该记住对方的名字。"名字对一个人来说，应该算是最重要的东西之一。一个

人从出生到去世，名字就一直和他缠在一起。人们不能没有名字，因为这是一个人区别于其他人的重要标志。叫响一个人的名字，这对于他来说，是任何话语中最动人的声音。聪明的懂社交心理的女人都明白，在与人交往中，记住对方的名字是建立友谊的第一步。

一般人对自己的名字比对地球上所有事物的名字之和还要感兴趣，记住人家的名字，而且很轻易就叫出来，等于给予别人一个巧妙而有效的赞美。若是把人家的名字忘掉，或写错了，你就会处于一种非常不利的地位。比如说，曾有一个人，一天收到了一封很不客气的信，是由巴黎一家大的美国银行的经理写来的，原来他曾经把这位经理的名字拼错了。

我们应该注意一个名字里所能包含的奇迹，并且要了解名字是完全属于与我们交往的这个人，没有人能够取代。名字能使他在许多人中显得独立。

有时候要记住一个人的名字真是难，尤其当它不太好念时，一般人都不愿意去记它，心想：算了！就叫他的小名好了，而且容易记。

锡得·李维拜访了一个名字非常难念的顾客，他叫尼古得玛斯·帕帕都拉斯，别人都只叫他"尼克"。李维说：在我拜访他之前，我特别用心地念了几遍他的名字。当我对他说"早安，尼古得玛斯·帕帕都拉斯先生"时，他呆住了，在几分钟内，他都没有答话。最后，眼泪滚下他的双颊，他说："李维先生，我在这个国家15年了，从没有一个人会试着用我真正的名字来称呼我。"

李维在尼古得玛斯·帕帕都拉斯这个名字上的良苦用心，起到了让他也没有想到的神奇效果，也让自己和尼克成为好朋友。

　　卡耐基说过，多数人记不住别人的姓名，只是因为他们没有下必要的功夫和精力去记忆。他们给自己找借口：太忙。然而既然我们已经意识到一个人名字的重要性，就要刻意用心去牢记他人的名字，这样，从记住他人的名字入手，和对方相互认识。一位心理学家研究了如何牢记他人姓名的方法，有以下三个步骤：

1. 印象

　　心理学家指出，人们记忆力的问题其实就是观察力的问题。如果不正确地牢记别人的名字，那简直是不可原谅的无礼行为。可怎么正确地记住呢？如果没有听清其名字，那么恰当的说法是："您能再重复一遍吗？"如果还不能肯定，那么正确的说法是："抱歉，您可以告诉我怎么写吗？"

2. 重复

　　你是不是有过这样的情况，新介绍给你的人在 10 分钟之内就忘记其名字了？除非多重复几遍，否则，一般人都会忘记。

　　在谈话中记住别人名字的办法是用多种谈话方式使用他人的名字。比如，"莫斯格拉夫先生，您是不是在费城出生的？"如果一个名字较难发音，最好不要回避，但很多人都采取回避的方式。如果碰上一个较难发音的名字，可以问："您的名字我念得对吗？"人们是很愿意帮助你把他们的名字念对的。

3. 联想

　　我们是怎么把需要记住的事物留在头脑中的呢？毫无疑问，联想是最有效的方法。

卡耐基开车到新泽西大西洋城的一个加油站加油，加油站的主人认出了他，虽然他们只在40年前见过面。这太让卡耐基吃惊了，因为以前他从未注意过这位先生。

　　"我叫查尔斯·劳森，咱们曾在一所学校是同学。"他急切地说道。

　　卡耐基并不太熟悉他的名字，还在想他可能是搞错了。他见卡耐基还是有些疑惑，就接着说："你还记得比尔·格林吗？还记得哈里·施密德吗？"

　　"哈里！当然记得，他是我最好的朋友之一。"卡耐基回答道。

　　"你忘了那天由于天花流行，贝尔尼小学停课，我们一群孩子去法尔蒙德公园打棒球，咱们俩一个队？"

　　"劳森！"卡内基叫着跳出汽车，使劲和他握手。

　　之所以发生这一幕恰恰是因为联想在起作用，有点儿像是魔术。如果一个人的名字实在太难记了，不妨问问其来历。许多人的名字背后都有一个浪漫的故事，很多人谈起自己的名字比谈论天气更有兴趣。

　　现实生活中，如果你交往的对象是显要人士，那么你更应该用心记下他的名字。空闲的时候，就在笔记本上写下别人的名字、交往的日期以及主要事情等，集中精力记忆。拿破仑三世记名字的办法是用心、手、眼、耳、嘴，虽然比较麻烦，但是很有效果。

社交成功，一半的功劳在于说话技巧

女性要想在交际中占据优势，口才是一大武器。在现代社会中，语言艺术对社会交际的重要性已越来越明显。美国人类行为科学研究者汤姆士指出："说话的能力是成名的捷径。它能使人显赫，令人鹤立鸡群。能言善辩的人，往往受人尊敬，受人爱戴，得人拥护。它使一个人的才学充分拓展，熠熠生辉，事半功倍，业绩卓著。"他甚至断言："发生在成功人物身上的奇迹，一半是由口才创造的。"

美国资产阶级革命时期的著名政治家、外交家富兰克林也说过："说话和事业的进步有很大的关系。"无数事实证明，说话水平是事业成功的重要因素之一，口语表达的好坏直接关系到事业的成败。

说起来，女性天生就有"能说会道"的本事，若成为一个健谈者，运用你在交流沟通方面非同一般的技能，就能够引起别人的兴趣，吸引他们的注意力，并自然地使他们聚集到你的周围。

这是一种非常重要的交往技能，其重要性无可比拟。它打开了人与人之间沟通的大门，使彼此的心灵变得亲近。它可以使你在各种各样的人群中广受欢迎，使你能与别人融洽相处，在社会交往中如鱼得水。

不管你在其他艺术或技能方面的专业造诣有多高，是否达到炉火纯青的地步，但你肯定不可能像运用说话技术一样随时随地表现专业才能。比如你是一个钢琴家，不管你的音乐天赋如何了得，不管你花费了多少年的时间来提高自己的演奏技巧，也不管你耗费了多少金钱，也只有相对很少的一部分人可能听到或欣赏到你的音乐。然而，如果你是一个健谈者，那么任何一个与你交谈过的人都将强烈地领略到你的幽默和聪明，并感受到你的魅力和影响力。

在社交场合中，能说会道的女性总是广受欢迎的。比如，几乎所有人都希望邀请卡耐基的好朋友比尔夫人参加宴会或招待会，主要是因为她善于言谈。不论在哪种宴会或招待会上，她总能够给别人带来愉悦，使人们如沐春风。或许比尔夫人也和其他人一样有许多缺陷和不足，但是人们仍然乐于与她交往，因为她的健谈，她善于运用谈话技巧，而且几乎达到了炉火纯青的地步。与其他方式相比，谈话仿佛最能迅速地反映出一个人在文化修养上的水准，是高雅还是粗俗，是温文尔雅还是毫无教养。从一个人的谈话中，我们还可以窥知其生活的全貌，你说话的内容和方式将揭示你的信仰，并向世人展现你最真实的一面。

在现实生活中，有相当多的好人缘女性在很大程度上把自己受人欢迎的原因归功于出色的说话能力。比起口才一般的女性，能言善辩的女性更容易被人理解、受人欢迎。因此，我们说，女人拥有一张能说会道的嘴巴，就等于拥有了一笔取之不尽的财富。良好的口才能使你在社会交往中如鱼得水，对你的幸福生活起到推波助澜的作用。

适当贬低自己，迅速拉近心理距离

适当地贬低自己，也就相对地捧高了对方，这会让对方心生愉快。例如，当你听到对方说："我前天做了一件丢脸的事"时，想必你会浮现出微笑，并心情轻松地听他继续说下去。因为炫耀自己会引起他人的反感，而谈及自己失败的经验，不但会增强对方的自尊心，更能因此打开对方的心扉，让他坦然地接受你。

在某些时间、场所，我们不便坦然对他人说出礼貌性的赞美。在这种情况下，不妨换种方式来表达，效果是同等的，甚至会超过所期望的效果。这个方式就是适当地贬低自己。适当贬低自己，也就相对捧高了对方。即使是不善言辞、不善于称赞的人，也能轻而易举地使用这种方法，达到捧高他人的目的。

比如说，当我们参加某店铺开张的庆祝会时，即使那是一家不怎么样的店铺，我们也要依场合不同来为庆祝增添一些喜气。我们可以贬低自己，捧高对方，说："这店铺看起来真不错，室内的装潢也很考究。不像我经营的那家店，门没做好，窗户也是一大一小的。"这样，将对方和自己做具体的比较，并有技巧地批评自己略逊一筹，对方将因被人高抬而产生优越感，心中的舒坦自是不言而喻。相反的，如果以轻视的口吻对主人说："店铺的柜台再宽一点儿会比较好，你们下次再整修时，可要记住啊！"对方在庆祝会上听到这样毫不客气的批评，一定会大感不快，从此对你产生敌意，这就是不谙人情世故所要承受的恶果。

日本有位国会议员，常对别人说："我仅有小学毕业的学历。"他实际上却拥有高学历，他之所以贬低自己，无非是要给予别人心理上的平衡感。须知谦虚会让别人觉得轻松。知道了这一点，在平常的交往中，我们就不妨适当地运用一下贬低自己的诀窍，来捧高对方的地位，达到感情投资的目标。如此，成功便离你不远了。

适当地贬低自己，可以避免在一些场合下过分显露锋芒，给自己带来不必要的麻烦，聪明的女性要想有良好的社交关系，要想得到幸福，就必须深谙此道。

收敛自己的锋芒，会获得更多人的认同

女人如何才能在人际交往中获得别人的认可和喜爱呢？

现在，有的女孩很自以为是，动不动就在别人面前标榜自己，"王婆卖瓜，自卖自夸"，尤其在她们取得了一点儿成绩或者有着别人没有的优势后更喜欢卖弄、炫耀，似乎深恐有人不知。殊不知，你越张扬别人越不买账，你越卖弄，后果可能越不堪设想。中国有句古话叫："显眼的花草易遭摧折。"说的是，越显眼出众的人（或事物）越容易遭到破坏。一个声名显赫的人，越张扬越容易遭到算计；一个人越爱自吹自擂，越容易不受他人欢迎。

要想不"惹是生非"，最好的办法就是收敛自己的锋芒、平和待人、放低自己、抬高别人，让别人时时有备受敬重的感觉，这样不仅能免遭祸患，更能赢得别人真心的认同和尊重。

女人，有时候不应把自己太当回事，坦诚而平淡地生活，没有人把你看成是卑微、怯懦和无能的。如果你老是把自己当作珍珠，反而时时有被埋没的危险。

做人还是谦虚一些好，谦虚往往能得到别人的信赖。谦虚，别人才不会认为你会对他构成威胁。谦虚不仅是人们应该具备的美德，从某种意义上说，也是获胜的力量。尤其是在双方地域不同、文化背景各异的情况下，偶然一句"我不太明白""我没有理解你的意思""请再说一遍"之类谦恭的言语，会使对方觉得你富有涵养和人情味，真诚可亲。

越是有成就的人，态度越谦虚，相反，只有那些浅薄的自以为有所成就的人才会骄傲。为此，俄国的列夫·托尔斯泰打了一个很有意义的比方："一个人就好像是一个分数，他的实际才能好比分子，而他对自己的估价好比分母，分母越大，则分数的值越小。"

越是谦逊的人，你越是喜欢找出他的优点；越是把自己看得了不起，孤傲自大的人，你越会瞧不起他，喜欢挑出他的缺点。所以，平时要谦逊地对待别人，这样才能博得他人的支持，从而为你的事业奠定基础。当你以谦逊的态度来表达自己的观点或处理事务时，就能减少一些冲突，还容易被他人接受。

每个人都非常重视自己、喜欢谈论自己，也希望别人能重视自己、关心自己，如果你在和别人交往时，表现出一种谦虚的精神，让他谈出自己的得意之处，或由你去说出他的得意之处，他肯定会对你产生好感，肯定会与你成为好朋友。

聪明的女人不争辩

生活中，不乏喜欢争辩的女人。在辩论会、谈判桌上，这种人也许是个人才，但在日常生活和工作场合中，这种女人反而会吃亏，因为日常生活和工作场合不是辩论场，也不是会议场和谈判桌，你面对的可能是能力强但口才差，或是能力差、口才也差的人，你辩赢了前者，并不表示你的观点就是对的，你辩赢了后者，只能凸显你只是个好辩之徒。

而最后的情形是，人们虽然不敢在言语上和你交锋，但大家心知肚明，反而会同情"辩"输的那个人，你的意见并不一定会得到支持，而且别人因为怕和你有言语上的交锋，只好尽量回避你。如果你得理还不饶人，把对方"赶尽杀绝"，让他没有台阶下，那么你已种下了一颗仇恨的种子，这对你来说绝对不是好事。

你应该也有过这样的体会，一个人在提出自己的意见后，一旦遭到全盘否定，你的自尊心往往使你采取以牙还牙式的反抗方式。这种心理反应会极大地阻碍谈判的顺利进行。相反，一个人在提出意见后，一旦受到某种程度的肯定和重视，他的自尊心理会引导心理活动形成一种兴奋优势，这种兴奋优势会给人带来情感上的亲善体验和理智上的满足体验。这种体验一旦发生，就会有利于纠纷的调解，使争执双方的意见达成一致。

根据上述理论，我们在与对方谈话时应先说"是的"，表示同情和理解，创造一种较为融洽的谈判气氛，缩短双方之间的心理距离后，再讲"但是"。由于你对对手的某些看法大加赞赏，对手就会自动地停止自己的讲话，含着笑、点着头专注地欣赏你对他的观点的肯定。这时，在他眼里，你是与他站在一起的，而不是对立的，尽管你也在赞扬的意见后表达了不同意见，但效果是不一样的。

第二章

火眼金睛，精明女人一眼看透周围人

衣服是思想的形象

郭沫若曾说过："衣服是文化的表征，衣服是思想的形象。"人们通过衣着打扮来向外界展示自己。

随着人类社会的发展与进步，现代人在衣着上提倡张扬个性，不再拘泥于某一种形式。

正是由于张扬个性，不拘泥于形式，人们可以更加充分地表现出自己的心理状况、审美特点等，因此，我们可以从以下方面把握一个人的性格特征。

一般来说，喜欢穿简单朴素衣服的人，性格比较沉着、稳重，为人比较真诚和热情。这种人在工作、学习和生活当中，比较诚实、肯干，勤奋好学，而且能够做到客观和理智。但是过分朴素就不太好了，这种情况表明人缺乏主体意识，软弱而容易屈服于别人。

喜欢穿单一色调服装的人，是比较正直、刚强的，理性思维要优于感性思维。

喜欢穿淡色便服的人，多为比较活泼、健谈，并且喜欢结交朋友的人。

喜欢穿深色衣服的人，性格十分稳重，显得城府很深，一般比较沉默，凡事深谋远虑，常会有一些意外之举，让人捉摸不定。

喜欢穿式样繁杂、五颜六色、花里胡哨衣服的人，多是虚荣心比较强、爱表现自己而又乐于炫耀的人，任性甚至还有些飞扬跋扈。

喜欢穿过于华丽衣服的人，多为具有很强的虚荣心和自我显示欲、金钱欲的人。

喜欢穿流行时装的人，最大的特点就是没有自己的主见，不知道自己有什么样的审美观，情绪不稳定，无法安分守己。

喜欢根据自己的爱好选择服装而不跟着流行走的人，一般是独立性比较强，有果断决策力的人。

喜爱穿同一款式服装的人，性格大多比较直率、爽朗，有很强的自信心，爱憎、是非、对错往往都分得十分明确。优点是行事果断，显得十分干脆利落，言必信，行必果；缺点是清高自傲，自我意识比较浓，常常自以为是。

喜欢穿短袖衬衫的人，他们的性格是放荡不羁的，但为人十分随和、亲切。他们热衷于享受，凡事率性而为，不墨守成规，喜欢有所创新和突破。自主意识比较强，常常以个人的好恶来评判一切。他们虽然看起来有点儿表里不一，实际上他们的心思还是比较缜密的，而且任何时候都知道自己在做什么，他们能够做到三思而后行，不至于任性妄为做出错事来。

喜欢穿长袖衣服的人，大多比较传统和保守，为人处世循规蹈矩，不敢有所创新。他们的冒险意识在某一方面来讲是比较缺乏的，但他们又喜爱争名逐利，自己的人生理想定得也很高。这些人最大的优点就是适应能力比较强，这得益于其循规蹈矩的为人处世原则，把他们放在任何一个地方，他们都能迅速融入其中，通常拥有较好的人际关系。他们很重视自己在他人心目中的形象，希望得到注意、尊重和赞赏，从而在衣着打扮、言谈举止等方面都严格地要求自己。

喜爱宽松自然的打扮，不讲究剪裁合身、款式入时的衣着的人，多是内向型的。他们常常以自我为中心，很难走进其他人的生活圈子里。他们有时候很孤独，也希望和别人交往，但在与人交往中，又总会出现许多不如意的情况，多以失败告终。他们多半没有什么朋友，可一旦有，就会是非常要好的。他们的性格中害羞、胆怯的成分较多，不太喜欢主动接近别人，也不易被人接近。一般来说，他们对团体活动没有兴趣。

综上所述，通过衣服我们能够读懂对方的思想，所以，聪明女孩在与人交往时要多留心对方的衣服，它也许能够提供给你一些意想不到的信息。

提包：拿在手里的心情

提包在人们的工作、生活和学习中是非常重要的一件物品，很多时候它几乎与人形影不离，人走到哪里，它们也随之被带到哪里。正是因为提包具有如此重要的作用，所以，它们在一定程度上可以向外界传达一定的信息，让外界通过提包来认识提包的主人。

提包的样式众多，人们可以根据自己的喜好进行选择。一般来说，选择提包比较大众化的人，其性格也比较大众化，或者是说没有什么特别鲜明的、属于自己的个性。他们在很多时候都是随大流，大家都这样选择，所以他也这样选择，没有自己的看法。

1.喜欢休闲式提包的人

选择的提包多是休闲式的人，可以看出他们的工作具有很大的伸缩性，自由活动的空间也非常大。正是由于这样的条件，再加上先天的性格，这类人大多很懂得享受生活。他们对生活的态度比较随意，不会过分苛求自己。他们比较积极和乐观，也有一定程度的进取心，能很好地安排工作、学习和生活，做到劳逸结合，在比较轻松惬意的环境中把属于自己的事情做好，取得一定的成就。

2.喜欢公文包的人

选择的提包多是公文包，这也从一个方面说明了提包主人工作的性质。他们可能是某个企事业单位的总经理，如果是普通职员，也是在比较正规的单位。选择公文包可能是出于工作的需要，但在其中多少也能表现此类人的性格特征。他们大多数办事较小心和谨慎，对人也会相当严厉。当然，他们对自己的要求往往更高。

3. 喜欢方形提包的人

有小把手的方形或长方形的提包，在有些时候可以当成是一件饰品。这种提包外形和体积都相对较小，所以使用起来并不是特别的方便。喜爱这一款式提包的人，多是没有经历过什么磨难的人。他们比较脆弱，遇到挫折容易退缩和妥协。

4. 喜欢肩带式提包的人

喜欢中型肩带式提包的人，在性格上相对比较独立，但在言行举止等方面却是相对传统和保守的。他们有一定相对自由的空间，但不是特别大，交际圈子比较狭窄，朋友也不是很多。

5. 喜欢小巧精致的提包的人

小巧精致，但不实用，装不了什么东西的提包，一般来说，是年纪比较轻、涉世不深、比较单纯的女孩子的最爱。已经过了这样的年纪，步入成年，非常成熟了，还热衷于这样的选择，说明这个人对生活的态度是非常积极而又乐观的，对未来充满了美好的期待。

6. 喜欢浓郁的民族风味手提包的人

比较喜欢具有浓郁民族风味、地方特色提包的人，自主意识比较强，是个人主义者。他们个性突出，往往有与别人截然不同的衣着打扮、思维方式等。有些时候表现得与他人格格不入，营造出良好的人际关系存在着一定的困难。

7. 喜欢超大型提包的人

喜欢超大型提包的人，性格多是那种自由自在、无拘无束的，他们很容易与他人建立某种特殊的关系，也会很容易就破裂，这是由他们的性格所决定的，因为他们的生活态度太散漫，缺乏必要的责任感。显然他们自己感觉无所谓，却并不是所有人都能接受和容忍的。

8. 喜欢金属制提包的人

喜欢金属制提包的人，多是比较敏感的，他们能够很快跟上时代的脚步，他们对新鲜事物的接受能力很强。但是这一类型的人，在很多时候并不肯轻易地付出，总是寄希望于别人的付出。

9. 喜欢中性色系提包的人

喜欢中性色系提包的人，其表现欲望并不是很强烈，他们不希望被人注意，目的是缓解压力。他们凡事多持得过且过的态度，比较懒散。在对待别人方面，也喜欢保持相对中立。

10. 不习惯于带提包的人

不习惯带提包的人，其性格要分几种情况来说，有可能是因为他们比较懒惰，觉得带一个包是一种负担，太麻烦；还有一种可能是他们的自主意识比较强，希望能够独立，而提包会在无形中造成一些障碍。两种情况都是把提包当成一种负担，可以看出这种人的责任心并不是特别强，他们不希望对任何人任何事负责任。

11. 喜欢男性化皮包的女性

喜欢男性化皮包的女性都是比较坚强、剽悍、能干的，并且趋于外向化。

提包里的东西摆放得非常零散，没有一点儿规则，要找一件东西，需要把提包内所有东西全部拿出来。这样的人，他们的生活是杂乱无章的，奉行的是"无所谓"的随便态度。这一类型的人做事多比较模糊，目的性也不是很明确，但对人通常比较热情和亲切。可是由于他们的生活态度有些过于随便和无所谓，所以常常会导致自己陷入比较难堪的境地。

提包内的各种东西摆放得层次分明，想要什么伸手就可以拿到，这说明提包的主人是很有原则性的人，他们大多具有很强的进取心，办事认真可靠，待人也很有礼貌。一般说来，这一类型的人有很强的自信心，且组织能力突出。缺点是他们大多比较严肃、呆板，会过多地拘泥于生活中的某些细节。

彩妆反映的信号

社会上存在着两种女人，一种是化妆的，另一种是不化妆的。据统计，美国女性每年购买化妆品约花费 300 亿美元；而在日本，一个女性平均一生所要使用的基本化妆品中，口红 400克，化妆水 980 升，乳液 125 升，各类霜膏 150 千克。这些数字足以让男人们大吃一惊。那么，女人为什么要化妆呢？答案就写在脸上。

1. 浓妆淡抹，欲望深浅的展示

有的人喜欢淡妆，此类人大多没有太强的表现欲望，希望最好谁也别注意她们。她们只要求能过得去，简单涂抹几下使自己不至于特别难看就行。她们大多属于聪明和智慧的类型，不会将时间和精力都耗费在梳妆台前；她们往往有着自己的想法与思维，敢打敢拼，所以较易获得成功；她们往往拥有秘而不宣的秘密，甚至珍藏一生也不会向他人透露；她们最希望得到别人的尊重，对其难言之隐给予支持和理解。

与之相反，有的人则喜欢浓妆。与喜欢淡妆的人相比较，这样的人表现欲十分强烈。她们不辞辛苦地将各种化妆品喷洒、涂抹在自己脸上，忍受着痛苦用各种方式修饰五官，为的是用一种极端的方式引起他人的注意，而异性的欣赏往往使她们心甜如蜜。前卫和开放是她们的思想特征，她们对一些大胆和偏激的行为大多保持赞赏的态度。她们真诚、热忱、乐观，不容易被一些恶意的指责所伤害。

2. 不同的妆容折射出千姿百态的心理

（1）异国妆和怪妆

异国妆是外国流行的妆；怪妆则是没有一定模式和规范，甚至是与化妆的本意相悖的妆。这两种妆的效果差别很大，因而也就更容易让人看出化妆者的心理。

喜欢化异国色彩比较浓重的妆的人，多具有比较丰富的想象力，艺术细胞较丰富，希望自己将来能够成为一个艺术家。她们向往自由，渴望过一种无拘无束的生活。她们常常会有许多独特的、让人诧异的想法，是个完美主义者。

眼皮周围或是黑乎乎的，或是蓝幽幽的；嘴唇也是有时紫有时红。喜欢化如此怪妆的人也清楚自己并不是追求什么美丽，她们只把这种妆当成宣泄的一种方式。她们通常具有强烈的逆反心理，主要是自小受到家庭的溺爱，总是要求说一不二，而现实生活常令她们失望，所以用一些非常规的思想和行为与社会分庭抗礼，但往往是失败多于成功。

（2）怀旧妆和完美妆

怀旧妆是指某些人将自小形成的那套化妆理论和方法延续到成年，甚至中年和老年。其实这是对美好过去的一种回忆，以期忘记现实中的不愉快和不如意，但她们依然保持头脑清醒，不会沉溺其中而忘记现实。她们讲究实际，会极力把握住现在的所有。她们热情善良，善解人意，拥有很多可以推心置腹的朋友。由于总是回忆过去，她们难以享受时代发展带来的刺激和美好。

与化怀旧妆的人不同的是，化完美妆的人追求的是尽善尽美。她们为了完成自己的目标不惜花费巨大代价，她们做任何事情都会追求完美，属于典型的完美主义者。这种类型的人甚至倾尽所有也要使自己的容貌达到自己满意的程度。之所以如此，最主要的是她们对自己的才智和财力都有充足的把握，而唯一放心不下的是自己的外貌。为了成为一块无瑕美玉，只好不断审视自己，用化妆来掩饰不足。

手形是人心的表征

尽管每个人都有一双手，但手指的粗细长短、手掌的厚薄宽窄各有不同，从中也能推断他人的性格命运。

1. 魅力之手

有魅力的手修长、柔软，是天然的，它不会被整形。

它和它主人的气质是一致的，是与生俱来的，没人能否定它对主人个性的表现。它并不会炫耀主人的门第，但它能说明主人的职业和个性。

这类人不仅对事业有很大的投入，也对感情和家庭投入也很多。

当然，这并不说明这类人对情感就忠贞不渝。他们是带有情绪去投入感情的，甚至是带着幻想去投入或接受感情的，就像对传说中的经典爱情顶礼膜拜一样。

因为有这样的一双手，所以这种人更喜欢别人注意他的手，而不是眼睛或是衣着。

然而，对待工作，他们热情有余，毅力不足，欠缺非功利性的原始投入感，所以他们承受不了失败的打击。失败时，他们的热情土崩瓦解，有世态无情的感叹。

2. 肥胖之手

人们总是喜欢胖乎乎的东西，因为它可爱、诚实，给人以信赖感。

显然，它的主人并不为拥有这双手而陶醉，他们只是满意自己的这双手，它踏实、可靠，能给自己带来好运。

他们很少在别人面前显露这双并无魅力的手，甚至多少带有一点儿自卑的意味。

这类人的嗜好不多，他们热爱传统，听古典音乐，喜欢早期的爵士乐，认为劲歌热舞扰乱了生活和井然有序的内心世界，因而拒绝接受流行的东西。

就像那些拒绝接受超短裙、拒绝牺牲自己的健康以保持体型的人一样，这种人也同样拒绝变革。

这类人一直认为自己是能成大器的人，目标很大，在许多时候，忽视了自己保守的一面。因此，他们的事业总是不尽如人意。

3. 玉器般的手

有着玉器般质地的手，是令人陶醉的。

它的形态无懈可击，有着玉器般完美无缺的质感，所以它无须戴过多华丽的首饰。

这样的人所拥有的衣物和首饰贵精而不多，她们对搭配有着与生俱来的直觉，甚至连最不起眼的小饰品也会将其作用发挥得恰到好处。

这类人显然不会随便追求别人或接受追求，只有彼此在外貌还是内涵上都能够接受对方时，才会考虑相互之间的感情。

4. 强盗之手

强盗之手瘦削细长，好动灵活，充满攻击性。这表示它的主人阴险、狡诈，从不显露他们的真实面目。

这种人在装扮自己行为的过程中有一整套经验。他们不想让别人看穿自己的内心而把自己装扮起来，使自己看起来具有某种气质或形象，从而掩饰一些自认为不够理想或见不得光的特性。

由于手指瘦削，他们会用一些装饰物来修饰自己的指形。

这类人喜欢揣测他人的心思，投机钻营，经常受到上级欣赏而不断得到提升。在乱世中，他们大有用武之地。

由于对金钱有着本能的欲望，这种人经常揣度他人的财富，也就有着"笑贫不笑娼"的心理。也许他们并不吝啬，但帮助别人后，就会大肆宣扬。

阅读他人的眼睛

很多人小的时候都曾经有过这样的经历——被母亲发现说谎的时候，母亲常常会说："如果你没有说谎，就看着妈妈的眼睛。"的确，眼睛最容易流露人们的真实感情。

1. 视线方向

眼睛的注视方向或视线能反映人的心情和意向。眼睛斜视，被认为是说谎时常见的标志。比如，某位丈夫有心事不愿让妻子知道，突然有一天，妻子诈他说："你到底做了什么蠢事，还想蒙混过关？"丈夫心虚，不敢正视妻子的眼睛，所以就战战兢兢斜视左右而言他。看到丈夫做贼心虚的表情，妻子进一步确信了自己的猜测，不停追问，最后丈夫不得不"坦白"……

当视线斜视的时候，常常被认为是有秘密不愿示人。视线斜视是"不想让别人识破本心"的心理在起作用。因为说谎而感到不安，所以试图收集周围的信息以求转移不安或者找回安全感。

回避对方的视线常表明不愿被对方看穿自己的心理活动，或心虚，或害羞，抑或是厌恶、拒绝。偷偷看人一眼又不想被发觉，等于是在说："我不敢正视你，但又忍不住想看你。"

视线闪烁不定或左顾右盼，常产生于内心不稳定或不诚实之时。

说到测谎，人们关注最多的是"正视"。人们总是怀疑那些不敢正视自己的人，认为他们必定有某些事情需要加以掩饰。说谎本身就会使说谎者处于一种紧张状态，而视线与对方相会，看到对方那怀疑、探究的目光则更会引起心理紧张加剧，因此说谎者会本能地避免与对方的视线相接触，以降低紧张程度。

2. 瞳孔变化

瞳孔的大小变化也会反映情绪活动的变化。当情绪激动时，瞳孔就会扩大，这种情形是说谎者自己无法控制的，而且说谎者往往也不会想到要花精力去防止或掩盖这一泄露秘密的印迹。当然，瞳孔扩大只表明情绪激动，但究竟是什么样的情绪却不能仅由此得出结论，必须具体情况具体分析。

3. 眨眼频率

人通常每分钟眨眼 5—8 次。眨眼这个动作是一种身不由己的反应。当人的情绪产生波动时，眨眼的次数就会明显增加。

因情绪的不同而产生的眨眼方式有连眨、超眨、挤眼等。连眨是指在单位时间内连续眨眼，通常是犹豫不决或考虑不成熟的表现，有时也是竭力抑制激动的表现。超眨是指那种幅度夸张、速度较慢的眨眼动作，它通常用于表示假装惊讶的戏剧性表情。挤眼是用一只眼睛给某人使眼色，表示两人之间有某种默契。它所传达的信息是："你和我此刻所拥有的秘密，其他人无从得知。"在社交场合，两个朋友间互挤眼睛，是表示他们对某个问题有共同的感受或看法。

如果一个人频繁眨眼，那意味着他心中藏有秘密。眨眼次数增多，意在防止心中的秘密泄露。这是一种两难的抉择，既不想一直正视对方，又不想使自己分神，结果就采用了频繁眨眼的办法。频繁眨眼的行为，也有在对方面前隐藏弱点的意图。

不同的笑容演绎不同的内心世界

笑，每一个人都会，但是你知道吗，笑是和性格有联系的。

1. 捧腹大笑的人

捧腹大笑的人多为心胸开阔者。当别人取得成就以后，他们会献上真心的祝愿，而很少产生嫉妒心理。在他人犯了错以后，他们也会给予最大限度的宽容和理解。他们富有幽默感，总是能够让周围人感受到他们所带来的快乐。同时他们还富有爱心和同情心，在自己能力范围内，给予他人适当帮助。他们不是势利眼、嫌贫爱富、欺软怕硬的人，比较正直。

2. 时常悄悄微笑的人

经常悄悄微笑的人，除了性格比较内向、害羞以外，还有一种性格特征就是他们思维缜密，头脑异常冷静，在什么时候都能让自己跳出所在的圈子，作为一个局外人来冷眼看待事情的发生、进展情况，这样可以更有利于自己做出各种决定。他们善于隐藏自己，绝对不会轻易将内心真实的想法告诉别人。

3. 狂声大笑的人

平时看起来沉默少语，而且显得有些木讷，但笑起来却一发而不可收，或者经常放声狂笑，直到站不稳。这样的人最适合做朋友，他们虽然在与陌生人的交往中表现得不够热情和亲切，甚至是有些让人难以接近，但一旦真正与人交往，他们是十分注重友情的，并且在一定的时候，能够为朋友做出牺牲。基于这一点，有很多人乐于与他们交往，他们拥有不错的人际关系。

4. 笑得全身打晃的人

笑的幅度非常大，全身都在打晃，这样的人性格多直率和真诚，和他们做朋友是不错的选择，因为当朋友有了错误和缺点以后，他们往往能够直言不讳地指出来，不会为了不得罪人而视而不见。他们不吝啬，在自己能力范围内对他人的需要总是会尽自己最大的努力。基于这些，在遇到困难的时候，他们也会得到别人的关心和帮助。他们会使大家喜欢自己，能够建立很好的社会人际关系。

5. 小心翼翼地偷笑的人

小心翼翼地偷笑的人，他们大多是内向型的人，性格中传统、保守的成分很多，在为人处世上显得有些腼腆。但是他们对他人的要求往往很高，如果达不到要求，常常会影响到自己的心情。不过他们和朋友是可以患难与共的。

识别口头语的不同内涵

从口头语可以非常快速地了解一个人。这是因为口头语是说话习惯的一部分，它是我们每个人在日常生活当中不知不觉就形成的一种特有的话语风格。从另一个角度来看，口头语带有很深的性格印记。

经常连续使用"果然"的人，多自以为是，强调个人主张。他们经常以自己为中心，很少考虑他人的想法。

经常使用"其实"的人，表现欲较为强烈，希望能引起他人的注意。他们的性格大多比较任性，并且多少有点儿自负。

经常使用流行词汇的人，热衷于随大流，喜欢夸张。这样的人独立意识不强，没有自己的主见。

经常使用外语的人，虚荣心强，爱卖弄和夸耀自己。

经常使用地方方言，并且底气十足、理直气壮的人，自信心很强，富于独特个性。

经常使用"这个""那个""啊"的人，说话办事都比较谨慎小心。这样的人就是我们所说的"好好先生"，他们绝对不会到处惹是生非。

经常使用"最后怎么样怎么样"之类词语的人，大多是潜在欲望没有得到满足。

经常使用"确实如此"的人，多浅薄无知，自己却浑然不知，还常常自以为是。

经常使用"我"之类词语的人，不是代表着软弱无能、总想求助于别人，就是虚荣浮夸，寻找各种机会表现自己，以引起他人的注意。

经常使用"真的"之类强调词语的人，大多缺乏自信，害怕自己所说的话无人相信。遗憾的是，他们这样再三强调，反而让人更加起疑。

经常使用"你应该""你必须"等命令式词语的人，多专制、固执、骄横，有强烈的领导欲望。

经常使用"我个人的想法是""是不是""能不能"之类词语的人，一般和蔼亲切，待人接物时，能做到客观理智，冷静思考，认真分析，然后做出正确的判断和决定；不独断专行，能够给予别人足够的尊重，同样也会得到别人的尊重和爱戴。

经常使用"我要""我想""我不知道"的人，大多思想单纯，爱意气用事，情绪不是十分稳定，让人揣摩不透。

经常使用"绝对"这个词语的人，做事草率，容易主观臆断，他们不是太缺乏自知之明，就是自我意识太过强烈。

经常使用"我早就知道了"的人，有强烈的自我表现欲望，只能自己是主角。这样的人绝对不可能静下心来仔细倾听他人的谈话内容，更不要指望他成为一个热心的听众。

另外，口头语出现频率极高的人，大多办事不干练，意志不够坚强。有些人说话时没有口头语，这并不代表他们从未有过，可能以前有，后来逐渐改掉了，这表现出一个人意志坚强，说话讲究简洁、流畅。

如果你想从口头语上更多地观察你的对手，从而非常自如地驾驭他，那么你就要在与对手打交道的过程中花费心思，仔细认真地揣摩，时时刻刻地回味分析。用不了多长时间，你就能迅速从口头语上了解你的对手。

坐姿透漏出心声

坐稳后两腿张开，姿态懒散者，通常说来都比较胖。这种人由于腿部赘肉过多，行动也不是十分方便，说得比较多而做得相对要少。这类人属于豪言壮语型，头脑中想的事情经常是被夸张了的。

坐下时左肩上耸，膝部紧靠，致使双腿X形的人，一般比较谨慎。但他的决断力比较差，也缺少男子汉的气魄，即使是一个男性，也比较女性化。如果你对他有过多希望的话，其结果多为失望。

坐下时手臂屈起，两脚向外伸的人，其决断十分缓慢。每天他都在不断计划些事情，却什么也实现不了。这种人的理想与行动特别不协调，喜欢做白日梦。如果与这种人共事，相信会出现不断的纠纷。

坐下时两脚自然外伸，给人一种十分沉着稳重的印象，这些人大都身体健康，对疾病的抵抗力很强，而心态也通常是比较健康沉稳的。就命运而言，他也是十分幸运的。

坐下时，一只手撑着下巴，另一只手搭在撑着下巴的那只手的手肘之上，且跷着二郎腿的人，大都不拘小节，面对失败亦能泰然自若。不过，如果你被这种人迷惑住，他会厚颜无耻地逃避责任，甚至对你使出各种利己而卑鄙的手段。

双肩端起，一脚架放在另一只脚之上，做出庄重之态的人，虽然志向远大，却缺乏具体计划，致使他的志向如空中楼阁一般，无法实现。

坐在车上两脚长伸在外，同时将双手插在口袋里的人，大多是贫困潦倒之人。如果其相貌长得不好，通常伴有恐吓或威胁他人的行为。对这种人，最好采取敬而远之的态度。

坐着看书时，脚尖竖起，同时眼睛不断向上翻的人，肯定是个急性子。这是一种天生的个性。即使他有很多时间，他还是显得非常繁忙，无法平心静气地看书。

在读书时，用手撑着下巴且姿势不良的人，其读书效率不高，同时此种姿势也表示理解及记忆均有困难。一个认真学习的人，是不会用这种不良姿势读书的。

从上文我们可以看出，坐姿也能反映一个人的内心。在与人交往中，只要稍微注意一下别人的坐姿，你就能对他做出简单的了解。

第
三
章

恰到好处，会办事的女人知分寸

求人办事要抓住时机

　　求人办事，把握住时机是非常重要的。当我们摸清了对方心理之后，并等到一个合适的时机时，应该学会当机立断，避免犹豫不决，贻误良机，这样就可以迅速达到自己的目的。

　　就拿李莲英的故事来说，我们都知道，慈禧喜欢别人称她"老佛爷"，自然也喜欢故意摆出不杀生、行善积德的样子给人看。特别是在她六十大寿之际，她更要做出一番"功德"来，好让天下人都知她慈禧有好生之德。李莲英为了能够在众臣面前求得慈禧对自己的宠爱以保自己的地位，于是，他绞尽脑汁地想出一些绝招来奉承慈禧。

六十大寿这一天，慈禧按预先安排好的计划，在颐和园的佛香阁下放鸟。一笼笼的鸟摆在那里，慈禧亲自抽开鸟笼，鸟儿自由飞出，腾空而去。等李莲英让小太监搬出最后一批鸟笼，慈禧抽开笼门后，鸟儿就纷纷飞出，但这些鸟儿在空中只盘旋了一阵儿，又叽叽喳喳地飞进笼中来了。慈禧又惊奇又纳闷，还有几分高兴，便问李莲英说："小李子，这些鸟怎么不飞走哇？"李莲英很是得意，知道自己做的准备已经让主子高兴了。于是，跪下叩头道："奴才回老佛爷的话，这是老佛爷德威天地，泽及禽兽，鸟儿才不愿飞走。这是祥瑞之兆，老佛爷一定万寿无疆！"

一般说来，李莲英这个马屁可谓拍得极有水平，但这次却拍马屁拍到马腿上了，慈禧太后虽觉拍得舒服，但又怕别人笑话她昏昧，于是脸上露出了阴森的杀气，随即怒斥李莲英道："好大胆的奴才，竟敢拿驯熟了的鸟儿来骗我！"

李莲英并不慌张，他不慌不忙地躬腰禀道："奴才怎敢欺骗老佛爷，这实在是老佛爷德威天地所致。如果我欺骗了老佛爷，就请老佛爷按欺君之罪办我。不过在老佛爷降罪之前，请您先答应我一个请求。"

在场的人一听，李莲英竟敢讨价还价，吓得脸都白了，哪个还敢吱声。大家知道，慈禧虽号为老佛爷，实际是一个杀人不眨眼的刽子手，许多因服侍不周或出言犯忌的人都被她处死，哪个敢像李莲英这样大胆。慈禧听了这番话，立刻铁青了脸，说："你这奴才还有什么请求？"

李莲英说："天下只有驯熟的鸟儿，没听说有驯熟的鱼儿。如果老佛爷不信自己德威天地，泽及禽兽，就请把湖畔的百桶鲤鱼放入湖中，以测天心佛意，我想，鱼儿也必定不肯游走。如果我错了，请老佛爷一并治罪。"

慈禧也有些疑惑了，她随即走到湖边，下令把鲤鱼倒入昆明湖。稀奇的事情真就出现了，那些鲤鱼游了一圈之后，竟又纷纷游回岸边，排成一溜儿，远远望去，仿佛朝拜一般。这下子，不仅众人惊呆了，连慈禧也有些迷惑。她知道这肯定是李莲英糊弄自己，但至于用了什么法子，她一时也猜不透。

李莲英见火候已到，哪能错过时机，便跪在慈禧面前说："老佛爷真是德威天地，如此看来，天心佛意都是一样的，由不得老佛爷谦辞了。这鸟儿不飞去，鱼儿不游走，那是有目共睹的，哪是奴才敢蒙骗老佛爷，今天这赏，奴才是讨定了。"

李莲英说完，立刻口呼"万岁"拜起来，随行的太监、宫女、大臣，哪能不来凑趣，一齐跪倒，个个都向他们的"大总管"投来了奉承的眼光。事情到了这份儿上，慈禧太后哪里还能发怒，她满心欢喜，还把脖子上挂的念珠赏给了李莲英

且不论李莲英的为人如何，从这个故事我们可以看出，李莲英抓住时机讨巧的功夫实在高明至极。现实生活中，我们也应该抓住时机尽快办成自己要办的事。

一个人办事的成功，除了依赖一定的条件之外，机会的作用是不可忽视的。就连韩愈也在他的《与鄂州柳中丞书》中写道："动皆中于机会，以取胜于当世。"

比如你要升官晋职。由于本单位、本部门的领导者因为某种原因，或者是工作突出被提拔了，或者到了法定年龄，离休、退休了，或者因工作犯了错误而被解职了，总之，原来的职位

出现了空缺，这个空缺就为你创造了一个升迁的机会。如果这个机会来临之时，你却不知道想办法抓住机会，甚至是在工作中犯了错误，那官运就会与你失之交臂。

也许有人对此不以为然，他们总认为自己的提升是因为自己拥有某些才能。这种说法，带有很大的片面性。因为谁都知道，一个人被提升时，首先要有职位。没有空出的位置，任你才高八斗，学富五车，也不会被提拔到一个"悬空"的位置上。当然，我们不否认才能在提拔中的作用。

在20世纪80年代初期，上级配备一个地区的领导班子，为了体现年轻化的原则和要求，规定班子的平均年龄均不得超过45岁。由于几个领导年龄较大，在选择最后一个人选时，他的年龄就必须在35岁以下。于是，有关部门不得不放弃35岁以上的优秀干部的人选，而把眼光集中到35岁以下的年轻人身上来。通过挑选，总算把一个年轻的副乡长选了上来。这个人刚当了一年副乡长，虽然素质不错，但主要还是赶上了一个好时机，他做梦也没想到会这么快走上地区的领导岗位。

时机对于办事效果就是这样，时机不出现，有时任你费尽九牛二虎之力，也办不好，办不成功；一旦时机出现了，你不想办，却反而歪打正着，然而，这属于一种非普遍的机会。

就正常而言，大多数办事机遇，都是办事主体努力创造的结果，如下级主动承担某项重要工作而获得了广为人知的成绩和显露出惊人的才华，从而引起领导的重视、赏识而晋升成功。

所以，要想办事成功，关键的还是要靠自己主观努力来把握住时机。

把握住时机，最重要的是要认清时机。所谓时机，就是指双方能谈得开、说得拢的时候，对方愿意接受的时候。一个人在车祸丧子的悲痛中还没解脱出来，你却上门托他给你的儿子保媒说媳妇，无疑你会碰壁的；领导正为应付上级检查而忙得焦头烂额的时候，你却找他去谈待遇的不公，那你肯定要吃"闭门羹"甚至遭到训斥。掌握好说话的时机，才能提高办事的成功率。下面的这两种时机可以说是求对方的最佳时机。在办事过程中，你一定要注意把它牢牢抓住，那将会取得事半功倍的效果。

1. 在对方情绪高涨时

人的情绪有高潮期，也有低潮期。当人的情绪处于低潮时，人的思维就显现出封闭状态，心理具有逆反性。这时，即使是最要好的朋友赞颂他，他也可能不予理睬，更何况是求他办事。而当人的情绪高涨时，其思维和心理状态与处于低潮期正好相反，此时，他比以往任何时候都心情愉快，表面和颜悦色，内心宽宏大量，能接受别人对他的求助，能原谅一般人的过错，也不过于计较对方的言辞；同时，待人也比较温和、谦虚，能听进一些对方的意见。因此，在对方情绪高涨时，正是我们与其谈话的好机会，切莫错失良机。

2. 在为对方帮忙之后

中国人历来讲究"礼尚往来""滴水之恩当以涌泉相报"。在你为他帮了一个忙后，他就欠下了对你的一份人情，这样，在你有事求他帮忙的时候，他必然会知恩图报。在不损伤对方利益的前提下，他能做到的事，一般情况下会竭尽全力去帮助你。"将欲取之，必先予之"，托人办事的时机，我们是可以进行预先创造的。

先为自己留好退路

在这个世界上，我们毕竟不能独来独往。办自己的事情时，有时会涉及别人的利益。因此，我们在处理事情的过程中，必须全盘衡量，把握分寸，协调好各方面的利害关系，在争取我们自己利益的同时，绝不能伤害他人。这就要求我们在办事情时，先为自己留好退路。

尤其是有些事情，一旦办了，可能就违法、违情、违理，使自己或别人遭受名誉、经济或地位的损失。

东汉时期，光武帝的姐姐湖阳公主新寡，光武帝有意将她嫁给宋弘，但不知她是否同意，于是就和她一块儿议论朝廷大臣，暗暗地观察公主的心意。后来，公主说："宋弘的风度、容貌、品德、才干，大臣们谁都比不上……"光武帝听说后就有意要促成这门亲事。过了不多久，宋弘就被光武帝召见，光武帝叫湖阳公主坐在屏风后面，然后光武帝带有暗示性地对宋弘说："谚语云：.贵易交，富易妻。这是人之常情吧？"宋弘说："古语说：'贫贱之交不可忘，糟糠之妻不下堂。'共患难的妻子是不应该被赶出家门的。"光武帝听完后转头对屏风后面的公主说："事情不顺利啊！"

很显然，这件事属于不该办的事，因为臣子宋弘有妻室，湖阳公主显然是属于"第三者插足"。如果皇帝办成了这件事，虽然在当时不属违法行为，但却是违背情理的。当然皇帝也知道，所以就事先为自己留有退路，借用"贵易交，富易妻"来表达，宋弘以"贫贱之交不可忘，糟糠之妻不下堂"来回应，既保住了皇上的面子，也顺利地推脱了事情。

所以，当有人违背你的人生信念而托你办事时，你也绝不能贪图一时之利，而不负责任地答应他、纵容他，一定要慎重考虑可能引起的后果。如果有人想整治别人，编造假的事实，求你出面做伪证，或者有人想让你同他一起干违法乱纪的勾当，如果你不想与其同流合污，就应有勇气拒绝这类无理的要求。

另外，在办事情时，既要考虑到成功的一面，也要考虑到有失败的可能，两者兼顾，方能周全。在欲进未进之时，应该认真地想一想，万一不成怎么办，以便及早地为自己留一条退路。例如：

清朝乾隆年间纪晓岚在任左都御史时，员外郎海升的妻子吴雅氏死于非命，海升的内弟贵宁状告海升将他姐姐殴打致死。海升却说吴雅氏是自缢而亡。案子越闹越大，难以做出决断。步军统领衙门处理不了，又交到了刑部。经刑部审理，仍没有结果。原因是吴雅氏之弟贵宁，以姐姐并非自缢为由，不肯画供。

后来，经刑部奏请皇上，特派朝中大员复检。

这个案子本来并不复杂，但由于海升是大学士兼军机大臣阿桂的亲戚，审案官员怕得罪阿桂，就有意包庇，判吴雅氏为自缢，给海升开脱罪责。没想到贵宁不依不饶，不断上告，惊动了皇上。皇上派左都御史纪晓岚，会同刑部侍郎景禄、杜玉林，带同御史崇泰、郑徵和东刑部资深已久、熟悉刑名的庆兴等人，前去开棺检验。

纪晓岚接了这桩案子，也感到很头痛。不是他没有断案的能力，而是因为牵扯到阿桂与和珅。他俩都是大学士兼军机大臣，并且两人有矛盾，长期明争暗斗。这海升是阿桂的亲戚，原判又逢迎阿桂，纪晓岚敢推翻吗？而贵宁这边，告不赢不肯罢休，何以有如此胆量，实际是得到了和珅的暗中支持。和珅的目的何在？是想借机整掉位居他上头的首席军机大臣阿桂。而和珅与纪晓岚积怨又深，纪晓岚若是断案向着阿桂，和珅能不借机整他一下吗？

打开棺材，纪晓岚等人一同验看。看来看去，纪晓岚看死尸并无缢死的痕迹，心中明白，口中不说，他要先看看大家的意见。

景禄、杜玉林、崇泰、郑徽、庆兴等人，都说脖子上有伤痕，显然是缢死的。这下纪晓岚有了主意，于是说道："我是短视眼，有无伤痕也看不太清，似有也似无，既然诸公看得清楚，那就这么定吧。"于是，纪晓岚与差来验尸的官员，一同签名具奏："公同检验伤痕，实系缢死。"这下更把贵宁激怒了。他这次连步军统领衙门、刑部、都察院一块儿告，说因为海升是阿桂的亲戚，这些官员有意袒护，徇私舞弊，断案不公。

后来乾隆又派侍郎曹文埴、伊龄阿等人复验。这回问题出来了，曹文埴等人奏称，吴雅氏尸身并无缢痕。乾隆心想这事与阿桂关系很大，便派阿桂、和珅会同刑部堂官及原验、复验堂官，一同检验。终于真相大白：吴雅氏被殴而死。海升也供认是自己将吴雅氏殴踢致死，并制造自缢假象。

案情完全翻了过来，于是原验、复验官员几十人，一下都倒霉了！有被革职的，有被发配到伊犁的。唯独对纪晓岚，皇上只给他个革职留任的处分，不久又官复原职。因为纪晓岚曾说自己"短视"，这就为自己留了退路。

《战国策》中有一句名言叫："狡兔三窟"，意指兔子有三个藏身的洞穴，即使其中一个被破坏了，尚存两个；如果两个被破坏了，还剩一个。这就是一种居安思危的生存方式，也是一种有先见之明的预防策略。在办事中，我们不妨学学这一招。

用最大的努力去争取好的结果，同时做好失败的心理准备和物质准备，以及应变措施。这样办事情，就能以不变应万变，永远立于不败之地了。

形势不妙，先走为上

在办事的过程中，难免会遇到一些棘手的，甚至解决不了的难事。这种时候最好不要死挺硬扛，而是要采取"先走为上"之策略。

所谓"先走为上"，是指办事者在自己的力量远不如对手的力量时，不要和对手硬拼，以卵击石，自取失败，应该采取"走"的策略，避开是非，争取另开新路。

1990 年，安德斯·通斯特罗姆被瑞典乒乓球队聘为主教练。由于通斯特罗姆平时对运动员指导有方，再加上其战略战术比较高明，所以瑞典乒乓球队连年凯歌高奏。在 1991 年世乒赛上，他率领的瑞典男队赢得了所有项目的冠军。在 1992 年夏季奥运会上，他们又夺得男子单打金牌，这块金牌也是瑞典在这届奥运会上获得的唯一一枚金牌。

然而，正当瑞典国民向通斯特罗姆投以更热切期望的时候，他却突然宣布将于 1993 年 5 月世乒赛结束后辞职。通斯特罗姆的业绩如此辉煌，瑞典乒乓球联合会已向他表示："非常希望"延长其雇佣合同，那么他为什么要在春风得意时突然提出辞职呢？许多人对此感到迷惑。

后来，人们才知道，正是通斯特罗姆连年的成功促使他做出了辞职的决定，他透露说，自他担任主教练以来，瑞典乒乓球队取得一次又一次的胜利，但是"现在我已感到很难激发我自己和运动员去争取新的引人注目的胜利。瑞典乒乓球队需要更新，需要一个新人来领导。"

在这里，主教练通斯特罗姆用的正是"先走为上"的计策。在体育赛场上，没有永远不败的常胜将军。通斯特罗姆在感到很难再去"争取新的引人注目的胜利"之际，果断地退下来，无疑是明智之举。这样，既可以保持住自己的声望，又可以使瑞典队得以更新。

在我国古代，晋国公子重耳的故事也是个很好的例子。

晋国公子重耳由于国王昏庸，献公听信骊姬的谗言，逼迫太子自杀，因而出走流亡在外，这样他既避免了骊姬的迫害，又能留得余生待国有转机时回朝主持朝政。在流亡期间，他渐渐变得成熟干练，而且他也充分利用"走"来寻找他的同盟者。这样他就在"走"的同时来促使晋国内外发生有利的变化，最后，他终于在秦国大军的护送下归晋，众多人欢迎重耳回国

这是留与走的一个鲜明对比：留则无生路，走后得王位。这虽是一个治国之君的经历，但这个道理在我们平时办事的过程中也是大有作用的。切记：走是为了等待时机，创造条件，不是为了躲避困难，寻求安逸。

找领导办事要把握好分寸

求领导办事还要把握好分寸，俗话说：事不关己，高高挂起。托领导办事一定要看事情是不是直接涉及自身利益，如果是，则领导无论是从对你个人还是关心单位职工利益的角度，都认为是一种义不容辞的责任。这样的事领导愿办，也觉得名正言顺。

但你一定要知道，这类事必须关系到你的切身利益，或你爱人的事，或孩子的事，或直系亲属的事。如果七大姑、八大姨的事你都揽过来去托领导办，不但领导不会答应，而且还会认为你太多事，影响你在领导心目中的形象。

一般而言，如下一些事情是下属们经常要找上级出面办理和帮助解决的。

1. 与工作有关的利益。这些利益包括调岗、晋升、涨工资、分房子、调解与同事之间的矛盾、平息一些不利于自己发展的言论或舆论。这一类事能否办到，关键在于你在上级心目中的位置如何，位置高了，他会把利益的平衡点放在你身上；位置若是低了，则必须借助外在的或间接的力量方能把事办成，否则便只能充当各种利益的旁观者了。

2. 与社会生活有关的利益。这包括借贷、买卖、调节各类纠纷、参与婚丧嫁娶等红白喜事的协调、对各类被侮辱被损害者的法律公断以及某些同学、同乡、同事、朋友等托办的事宜等。办这类事情，上级一般未必会直接出面和直接行使权力，但他们的间接活动有时却是非常有效的。

3. 与家庭关系有关的利益。这包括夫妻关系、儿女关系、亲戚关系。这些关系所涉及的利益有时不能得到满足或者受到了伤害，而自己又无力自我成全，于是只好去找某位上级说情，恳求他能出面干预或施加影响，如为子女找工作，帮助妻子调动工作，帮助某位亲属安置工作等。

过度敏感不利于办事

在准备求人之前，自以为对方会给予热情接待，可是到时候却发觉，对方并没有这样做，而是采取了低调。这时，心里就容易产生一种失落感。其实，这是自己对彼此关系估计错误，期望太大而形成的。

求人办事，察言观色当然是必备的技能，但是如果你过于敏感，那就等于是给自己套上了一个无形的枷锁，对于办事是没有什么益处的。

这种过度的敏感从根本上说是一种自卑感在作怪。他们总希望自己是生活的强者，是别人心目中的优秀分子，可往往事与愿违，想象与现实之间有距离，这种距离促使他们更加敏感紧张，随时捕捉任何可能对自己不利的信号。结果很有可能会形成一种恶性的心理循环：你越紧张兮兮的，就越容易成为别人的话柄或笑料，反过来又会进一步加剧你的猜疑与敌意，这样就会把人际关系搞得一团糟。

菲菲到多年不见面的同学家去探望。这位同学已是商界的顶级人物，每天造访他的人很多，十分疲劳。因此，对来家的客人，只要是一般关系的，一律不冷不热待之。

菲菲以为自己会受到热情款待，不料到那里后，发现同学对她不冷不热，心里顿时有一种被轻慢的感觉，认为此人太不够朋友，小坐片刻便借故离去。她愤愤然，决心再不与之交往。后来才知道，这是此人在家待客的方针，并非针对哪个人的。她再一想，自己并未与人家有过深交，自感冷落，不过是自作多情罢了。于是又改变了心态和想法，采取主动姿态与之交往，反而加深了了解，增进了友谊。

幸亏事后菲菲并没过度敏感到不与同学交往的地步，因而增进了友谊。假如当初她因受了一次冷落就不和人交往了，那也就不会有以后的友谊了。

无论是工作或生活中，过度敏感都是十分不利的。比如，"北大怪侠"孔庆东在《47楼207》中曾写过这样一件趣事：

上中学时，几位同学在一起边走边玩儿，忽然间走到前边的一位姓马的同学转过头来，愤怒地叫道："你们叫谁马寡妇？"其实大家谈论的话题与他一点儿关系都没有，他就这样给自己起了个外号

人们常说做贼心虚，可是有很多人，他们自己明明并没有做什么见不得人的事，但心里却常发虚，他们过分地注意别人对自己的评价或态度的微小变化，其实别人并没有拿他们怎么着，但他总会以为大家在同他过不去。这样一来，不但把自己弄得紧张不堪，别人也不会再情愿给他办事了。

分清事情的分量再办事

　　事情有大有小，有轻有重，是放弃西瓜捡芝麻，还是丢掉芝麻捡西瓜，这既可能影响自身的利益，又可能影响他人及整体大局的利益。所以，在这取舍两难的选择之间，就应该掂量一下事情的分量，尽量采用舍小取大、弃轻取重的处理原则。这样，虽然丢掉了小利，但所换取的可能就是大利或大义。

　　蔺相如是战国后期赵国人，他本是赵国宦官令缪贤的门客，通过完璧归赵、渑池之会后，一跃成为赵国的上卿。

　　廉颇是赵国上卿，多有战功，威震诸侯。蔺相如却后来居上，使廉颇很恼火，他想："我乃赵国之大将，身经百战，出生入死，有攻城野战之大功，你蔺相如不过运用三寸不烂之舌，竟位居我上，实在令人接受不了。"他气愤地说："我见相如，必辱之。"从此以后，每逢上朝时，蔺相如为了避免与廉颇争先后，总是称病不往。

　　有一次，蔺相如和门客一起出门，老远望见廉颇迎面而来，连忙让手下人回转轿子躲避开。门客见状，对蔺相如说："我们跟随先生，就是敬仰先生的高风亮节。现在，您与廉颇将军地位相同，而您见了他就像老鼠见猫一样，就是一般人这样做也太丢身份了，何况一个身为将相的人呢！连我们跟着先生也觉得丢人。"蔺相如问："你们嫌我胆小，你们说廉将军和秦王相比，哪个厉害？"门客答道："秦王厉害。"蔺相如说："既是秦王厉害，我都敢在朝廷上呵斥他，侮辱他的大臣们，我连秦王都不怕，却单单怕廉将军吗？"蔺相如接着说："我想强秦不敢发兵攻打赵国，是因为我和廉将军在位。如果我们二人争闹起来，势必不能并存。我之所以这样做，是把国家利益放在前头，把个人的事放在后头啊！"门客恍然大悟。廉颇闻之，深感内疚，于是负荆请罪，与蔺相如结为"刎颈之交"，演出一幕千古流芳的"将相和"。

蔺相如之所以能千古流芳，就在于他能忍小辱而顾全国家大义，对事情的分量把握得好。赵国之所以不被他国欺负，就是因为有将相文武二人的威势。可见，把握好事情的分量，不仅有利于个人关系，对集体、对国家也是幸莫大焉。所以，每个人在办事情之前，都要先把握好事情的分量然后再去办，这样，方能事半功倍。

事有大小，事有种类，事有难易，有的事关系到自己的切身利益，有的事则可办可不办。我们不但要知道哪些事应该怎样办，而且要知道哪些事该办，哪些事不该办。

如果你觉得事情能够办成，就应该毫不犹豫地去办。

如果你觉得要办的事情把握不大，就要给自己留下回旋的余地。

如果你觉得要办的事情没有能力办到，就不要勉强去办。

有些事情无论是工作上的还是家庭中的，能办的要及早办，不能办的也要想办法找关系求人去办，我们在实际生活中遇到更多的是别人求办的事，对于这类事我们应该有一个因事制宜的态度。

第
四
章

长袖善舞，轻松拥有丰富人脉资源

多结交成功的朋友，学会高位蓄水

我们所处的是一个多变的时代，很多人喜欢用"瞬息万变"来形容这个时代，似乎很多东西都是我们把握不住的，成功的经验和模式也是如此，因此我们要学会把握成功模式和经验中最核心的东西。我们所要复制的不是成功人士的人生或者经历，而是他们的思维习惯。

心理学研究表明，环境可以让一个人产生特定的思维习惯，甚至是行为习惯，直接影响我们的工作效能与生活。和成功人士在一起，有助于我们在身边形成一种"成功"的氛围。在这种氛围中，我们可以向身边的成功人士学习他们的思维方法，感受他们的热情，了解并掌握他们处理问题的方法。

有这样一个故事，从中我们可以知道和成功人士在一起有多么重要。

"为什么你能成为千万富翁，而我只能成为百万富翁，难道我还不够努力吗？"一位百万富翁向一位千万富翁请教道。

"你平时和什么人在一起？"

"和我在一起的全都是百万富翁，他们都是很有钱、很有素质的……"那位百万富翁自豪地回答。

"呵呵，我平时都是和千万富翁在一起的，这就是我能成为千万富翁而你只能成为百万富翁的原因。"那位千万富翁轻松地回答。

由此我们可以看出，造成百万和千万富翁差距的是他们所处的环境不同，也就是说交往的朋友不一样。有时决定一个人身份和地位的并不完全是他的才能和价值，而是他与什么样的人在一起。女人要想取得成功，就必须结交一些成功人士，为自己的成功铺路。

和成功的人在一起不但能学习他们成功的思维和模式，还可以得到他们的帮助，让我们在成功的路上越走越顺利。但是，通常情况下，年轻女人很少有机会接近那些非常成功的人。这也没有关系，只要你的身边有一群准备成功的人，你也能被他们的情绪和冲劲感染，保持成功的欲望和信心。换句话来说，那些经历了失败、正在努力拼搏的人，也向你证明了某种方法的不可用性，这也是一种成功。

与别人的人际关系资源做个交易

女人要想拓展人际关系资源，最有效的方法就是与别人交换人际关系资源。因此，不妨拿你的人际关系资源与他人做个交易。

如果你有两个苹果，我有两个梨，彼此交换一个后，双方都有一个苹果和一个梨。同样，倘若你有一个非常好的人际关系网，我也有一个非常好的人际关系网，我们互相交换，那么，你有两个人际关系网，我也有两个人际关系网。因此，扩展人际关系最有效的方法就是与你的朋友一起分享和交换人际关系资源。

有这样一对父子，儿子是汽车推销员，父亲是保险推销员。

有一次，儿子向一位文化名人成功推销了一辆汽车。一个礼拜后，这位文化名人突然接到一个陌生电话："××先生您好，我是汤姆的父亲，感谢您一个礼拜前向汤姆买了一辆汽车，我今天打电话是想通知您，请您明天抽时间开车回车行进行检查。"这位父亲知道，大凡名人都很忙，一般不会随便接受别人的邀请。所以，父亲想借这位名人回车行的机会请他吃饭。

第二天，这位名人如约而至，检查车况后，这位父亲对他说："××先生，为感谢您的支持，已到午餐时间，我想请您一起坐一坐，我们可以顺便聊一聊如何更好地维护您的爱车。我想您不会拒绝一个做父亲的请求吧？"文化名人盛情难却，接受了邀请。

席间，这位父亲说："像您这么成功的人士，一定会非常注意生活的品质，一定需要一份完善的保障计划。您帮助了我儿子，您一定也会帮助我的，我这里有一份保险计划书，请您留意看一下。"这位文化名人面对对方的盛情，实难拒绝，不得不接过保单。

几天后，这位父亲不断地打电话和亲自拜访，终于签下了一份保单。同样，这位父亲的儿子也向父亲的保险客户推销汽车。

这就是人际关系资源交换的有效运作。

我们所拥有的人际关系资源如同做生意，也是一种社会交换。我们跟朋友之间之所以可以维持互动关系，是因为我们各自有可以提供给对方的东西，而且这种交换是不同价值的交换。我们通过交换可以弥补各自的需要，这对双方都是有意义的。

因此，学会与你的朋友共享人际关系资源吧，到时你就会发现，当你们互相交换人际关系时，你们可以各自拥有更加丰富、完善的人际关系资源。

像清理衣柜一样整理你的人际关系

在工作与学习的过程中，搜集与组织自己的关系网是有可能的，但试图维持所有关系就不太可能了，而想要在现有的人际网络内加进新的人或组织就更加艰难了。因此，女人，在组建人际关系网的时候，必须学会筛选放弃。换言之，你必须随时准备重新评估早已变得难以掌握的人际网络，对现有的人际关系网重新整理，放弃已不再对你感兴趣的组织和人。这是生活中我们必须做的。筛选虽然不易，但仍是可以做到的，有失才有得，才有更好的人生等待着我们。

国际知名演说家菲利普女士曾经请造型顾问帕朗提帮她做造型

设计。菲利普女士说:"整理出来的衣服总共分成三堆:一堆送给别人;一堆回收;剩下的一小堆才是留给自己的。有许多我最喜欢的衣物都在送给别人的那一堆里,我央求帕朗提让我留下件心爱的毛衣与一条裙子。但她摇摇头说道:'不行,这些也许是你最喜爱的衣物,但它们不适合你现在的身份与你所选择的形象。'由于她丝毫不肯让步,我也只得眼睁睁地看着自己的大半衣物被逐出家门。我必须学着舍弃那些已不再适合我的东西,而'清衣柜'也渐渐地成为我工作与生活的指导原则。不论是客户也好,朋友也好,衣服也罢,我们必须评估、再评估,懂得割舍,以便腾出空间给新的人或物。我也常用这个道理与来听演讲的听众分享,这是接受并掌握生命、生涯不断变动的一种方法。"

你的衣柜满了,需要清理与调整,以便腾出空间给新的衣服。同样的道理,你的人际关系网也需要经常清理。很多时候,当你要跟某人中断联系时,你根本无须多说什么。人海沉浮,当彼此共同的兴趣或者话题不复存在,便是分道扬镳的时候,中断联系其实是个顺其自然的过程。无息退出或者向负责人说一下情况,如何处理"脱队"事宜,应视具体情况而定。

清理人际关系网的道理也和清除衣柜类似。帕朗提容许菲利普女士留下的衣服,当然是最美丽、最吸引人,也是剪裁最得体的几套。"舍"永远不是件容易的事,虽然有遗憾,但从此拥有的不仅都是最好的,更重要的是也有更多空间可以留给更好的。

如果你对自己的人际网络做同样的"清除"工作,在去粗取精之后,留下来的朋友不就都是你最乐于往来的吗?女人应该把时间与精力放在让自己最乐于相处的人身上。平时需要奔波忙碌于工作、社交与生活之间的女人，筛选人际关系网络是你安排生活先后次序的第一步。

登门拜访，巩固老朋友，认识新朋友

有的人总怕麻烦，不愿打搅别人。所以，一年半载也不会去朋友家做客。但是，登门去拜访拜访老朋友，叙叙旧，不但能维护你们之间的关系，说不定还能碰到新的朋友呢，收获可能会很大。

拜访的好处有很多：

（1）在对方住处谈话比在公共场所气氛更融洽，双方都在一种无拘无束的气氛里面畅所欲言，并且比较容易接触到彼此的私生活，给大家的友谊发展做了铺垫。如果能够常到对方住处去拜访，双方的关系会很快地密切起来。

（2）到对方住处去拜访，还能有机会接近他的家人。如果我们同时也结识了他的父母、兄弟姊妹、妻子儿女，或是和他同住的亲戚朋友，那么，我们与对方的关系就更和睦、更巩固了。古语说："君子爱屋及乌"，如果我们对一个人真有好感，我们必定会对他的亲人和挚友同样产生兴趣。

（3）容易对对方有较深刻的认识，因为对方所住的地方、对方的家人和家里的布置装饰等，都会使我们更加深入地认识对方、了解对方。譬如，对方家里有一架电子琴或一套高级音响，那多少可以知道他对音乐有兴趣。从对方拥有唱碟的种类，又可以看出对方偏好哪一种音乐，是古典音乐还是流行音乐，是中国音乐还是外国音乐。此外，对方墙上所挂的图画、相片以及他拥有的书籍、报纸杂志、小摆设、纪念品等，都可以增进我们对他的认识。有时，对方会向我们展示他的相册，这样，我们对他的过去也会得到更多的了解。

拜访朋友，会给你带来很多的好处，但是拜访一定要注意时间、距离以及交谈的共同性、彼此融洽性等。

1. 要选择合适的拜访时间

最好是在工作时间内，应尽量避免占用对方的休息日、休假日或午休时间，如果没有急事，应避免在清晨或夜间拜访。拜访之前，最好以电话或其他通信方式与对方联系，约定一个时间，使被访者有所准备，不要做"不速之客"。最好讲明此次拜访需占用对方多长时间，以便对方安排好自己的事情。约定的时间要严格遵守，提前5分钟或准时到达，以免对方等得不耐烦。如果因特殊情况不能前往，应及时通知对方，轻易失约是极不礼貌的。

拜访对方最合适的时间多半是在平日的晚饭后，要避免在对方吃晚饭的时间去找他。如果对方有午睡的习惯，也不要在午饭后去找他。当然，更不要在对方临睡的时候去找他，一般在晚上9点半之后就不适宜去拜访了。如果在晚上11点后还去找人，会让人觉得你不礼貌。

一般人最容易犯的毛病就是过于重视自己的事情，如果得不到圆满的解决就无限制地在对方家里拖延下去。结果，耽误别人的时间，扰乱别人的生活秩序，使对方产生不良的印象，很容易破坏彼此的友谊。

2. 开头的客套话少不得也多不得

一见面，朋友间肯定会说一些客套话，但是客套话一般只作为开场白，不宜过长，避免过于客气使人产生陌生感。

朋友初次见面略谈客套后，第二次、第三次的见面就应尽量少用那些"阁下""府上"等名词，如果一直用下去，则真挚的友谊必然无法建立。客气话是表示你的恭敬或感激，不是用来敷衍朋友的。客气话的"生产过剩"，必然损害轻松的气氛。

如果拜访对象是熟人、老朋友，滥用客套话，彼此保持"过远"的距离，会使双方都感到别扭、不舒服，甚至还可能导致相互猜疑，产生误会。长此以往，还会影响你们之间正常的友谊。

拜访比自己级别高的人，或握有某种权势、拥有某种优势的人，不宜靠得太近，至于拍拍打打之举更不可随便用。否则，对方就会认为你是与他"套近乎"，影响拜访效果。

3. 说一些平常的话

著名作家丁·马菲说过："尽量不说意义深远及新奇的话语，而以身旁的琐事为话题，这是促进人际关系成功的钥匙。"

一味运用令人困惑与吃惊的话，容易使对方觉得你华而不实、锋芒毕露。受人支持与信赖的人，大多并不显得才情焕发、一鸣惊人。

尤其对一个初识者，最好不要刻意显出自己的显赫，要让对方认为你是个善良的普通人。如果一开始你就不能与他人处于共同基础上，对方很难对你产生好感。如果你摆出一副盛气凌人的样子，别人也会用同样的态度对待你。

4. 尽量谈一些共同的话题

任何人都有这样一种心理特性，例如，同乡或同一公司的人往往不知不觉地因同伴意识、同族意识而亲密地联结在一起。若是女性，也常因血型、爱好相同产生共鸣。

如果你想得到对方的好感，利用此种方法，找出与对方拥有的某种共同点，即使是初次见面，无形之中也会涌起亲近感。一旦缩短彼此的心理距离，双方很容易推心置腹。

5. 适当给予好评

任何人都有自鸣得意的事情，但是，再得意、再自傲的事情，如果没有他人的询问，自己说起来也毫无优越感。因此，你若能恰到好处地提出一些问题，定能使他欣喜，并敞开心扉畅所欲言，你与他的关系也会亲密起来。

心理学家认为：人是这样一种动物，他们往往不满足自己的现状，然而又无法加以改变，因此只能各自持有一种幻想中的形象或期待。他们在人际交往中，非常希望他人对自己的评价是正面的，例如，胖人希望看起来瘦一些，老人愿意显得年轻些，急欲提拔的人期待实现的那一天等。

所以，去拜访别人的时候，一定要灵活应对，引导对方谈一些得意的事情，并时时给予好的评价。

6. 谈话也要有一些爱好

表现出自己的关心，必然能赢得对方的好感。

卡耐基认为：在招待他人或是主动邀请他人见面时，事先应该搜集一些对方的资料。这不仅是一种礼貌，而且可以满足他人的要求，使他感受到你的关心和热忱。

记住对方说过的话，事后再提出来当话题，也是表示关心的做法之一，尤其是兴趣、嗜好、梦想等，对对方来说，是最重要、最有趣的事。一旦提出来作为话题，对方一定觉得开心，从而也就拉近了彼此的距离。

7. 拜访时的寒暄不能忽视

拜访对方时要多利用寒暄，它是人们之间，尤其陌生人见面时的必要桥梁，能消除人们之间的陌生感。寒暄，更为争分夺秒者赢得必要的准备时间、积极进攻或防守的力量，能缩短双方的距离。寒暄并不是使人"寒"，而是给人"暖"。

采访陈景润的湖北记者就深谙此理。他们与数学家的夫人由昆寒暄的第一句话："听说你是我们湖北人，怎么普通话说得这么好啊？"由昆喜悦地回答："是吗？我跟湖北人还是讲湖北话呢！"于是，双方都沉浸在"老乡"相识的愉快之中，话语自然多起来，气氛也活跃得多，这正是采访者所需要的。

倘若语言生硬，采访者怎么可能了解科学家的家庭生活呢？

拜访时，我们还要注意以下9点：

（1）进门前要敲门或出声打招呼。冒昧地闯入会使主人措手不及，让主人觉得你没礼貌、缺乏教养。

（2）初次相见，要注重自己的仪表，不然别人会产生不悦之感。若有必要，给老人或小孩带点儿小礼品，礼轻情义重。

（3）若带有小孩，应看管好，不要让孩子乱闹乱翻。若主人用瓜子、糖果招待，应尽量注意房间卫生。

（4）做客要有时间观念，有话则长，无话则短，不要东拉西扯，废话不断；否则，会使主人不耐烦。

（5）不要乱翻乱动主人的东西，甚至乱闯主人的卧室，这样并非亲热之举，而是对主人不尊重，若触及人隐私，更会让彼此都尴尬。

（6）若主人想留你吃饭，应考虑是否有必要；当和主人一起进餐时，应注意不要"太淑女"，也不应狼吞虎咽。

（7）做客时既不要过于拘束，也不要轻浮高傲，落落大方才是做客应有的尺度。

（8）告别主人时，应对主人的款待表示感谢，如有长辈在家，应向长辈告辞。

（9）主人送出大门要及时请他们留步。切忌在门口废话太多拖拖拉拉，使主人在门外站立过久。

那些你生命中的老朋友，因为他们对你很了解，他们会在你的人生道路上起到不可或缺的作用，会给你带来心灵上的帮助，会是你人生的一盏灯，会是你感情的支柱，会是你穷困潦倒时的避难所，所以更值得珍惜。

而新的朋友，不仅能扩大你的人际关系网，同时能拓宽你的视野与知识，提升你的竞争力。

平时多联络，人情更浓

有些年轻女人做人过于功利，平时对人不冷不热，甚至还冷嘲热讽，有事时则像是换了副脸孔似的，显得特别热情，但这样做人往往很难成功。如果你这么做，聪明人会知道你只是把他当作利用工具，不可能甘心为你办事。如果你想让他们帮你办事，就一定要用心，平时多联系。

一个人能否发达，有很多的因素影响，比如机遇。你的朋友当中，有没有怀才不遇的人？如果有，这个朋友你应该真诚相待。因为他尚未发达，可能不会礼尚往来，不过，他心中绝对不会忘记未还的礼，这是他欠的人情债，人情债欠得越多，他想还的心越切。所以日后他否极泰来，第一个要还的人情债当然是你的。当他有清偿能力时，即使你不去要求，他也会主动还你。这时候如果你有求于他，就是轻而易举的事了。

很显然，人与人之间的关系会随着平时联络的增加而加深，久不见面的朋友自然会日渐疏远。建立人际关系，就是要把朋友都兼顾到。

如果你身为上班族，记住不要一天到晚埋头在办公桌前，不论多么忙碌的人，也总会有吃饭的时间和休息的时间。至于那些从事业务工作的人，更是整天都在外面奔跑，只有吃饭时间才会回到公司，这样更可以多利用在外面跑的机会，联络那些久疏联络的朋友。至于整日守在办公桌边的人，则不妨利用午餐时间，与在同一地区工作的朋友共进午餐。与其每天一个人吃饭，不如偶尔打个电话约其他朋友一起吃顿饭，如果没有时间一起吃饭，一起喝杯咖啡也可以。

在外面奔波的人不妨利用各种机会顺路探访久未见面的朋友，即使是5分钟也可以，利用中午休息时间和对方一起吃顿便饭。虽然只有短短的5分钟，但对与对方保持长久联系非常重要。

下班后，大家一起喝杯茶。不论是迎新送旧还是大功告成，找各种理由大家一块聚聚，这不只是大家互相联络感情，也是松弛一下平日里紧张神经的好机会。人原本就有喜新厌旧的本性，比起早已熟知的朋友，新朋友更能吸引我们频频与之接触。

对人情的投资，最忌讳的是急功近利，因为这样就成了一种买卖，说难听点儿就是一种贿赂。如果对方是有骨气之人，更会感到不高兴，即使勉强接受，也并不以为然。日后就算回报，也是没什么好处可言。

平时不联络，事到临头再来抱佛脚就来不及了。人际关系不只在建立，也要重视平时的经营，否则时间长了，关系也容易淡化。

从现在起，女人要多注意一下你周围的朋友，多多交往，真诚相待。

不要忽视和放弃任何一个"小人物"

女人在营造人际关系网时，不可忽视身边"小人物"的作用，聪慧的女人深谙此理。在许多领导身边的"小人物"都发挥着举足轻重的作用。

清朝雍正皇帝在位时，按察使王士俊被派到河东做官，正要离开京城时，大学士张廷玉把一个很强壮的佣人推荐给他。到任后，此人办事老练、谨慎，时间一长，王士俊很看重他，把他当作心腹使用。

王士俊任期满后准备回京城，这个佣人忽然要求告辞离去。王士俊非常奇怪，问他为什么要这样做。那人回答："我是皇上的侍卫某某。皇上叫我跟着您，您几年来做官，没有什么大差错。我先行一步回京城去禀报皇上，替您先说几句好话。"王士俊听后吓坏了，好多天一想到这件事就两腿直发抖。幸亏自己没有亏待过这人，要是对他有不善之举，可能小命就保不住了。

这个例子告诉年轻的女人们，千万不可轻视身边的那些"小人物"，跟他们搞好关系非常重要。这些人平时不显山不露水，但是到了关键时刻，说不定就会成为左右大局、决定生死的"重磅炸弹"。

平常无论是说话还是办事，一定要记住：把鲜花送给身边所有的人，包括你心目中的"小人物"。不要时时处处表现出高人一等的样子，要知道，再优秀的篮球运动员也不可能一个人赢得整场比赛，再有能力的人也不可能把所有的事都办好。在经营管理中，人的因素至关重要，有了人才会有事业、有情义，同时才会带来效益。俗话说："不走的路走三回，不用的人用三次。"说不定有一天，你心目中的"小人物"会在某个关键时刻成为影响你的前程和命运的"大人物"。

常言道："深山藏虎豹，田野隐麒麟。"更何况朋友一百个不算多，冤家一个就不少，越是小河沟越可能会翻大船。芸芸众生中，有着无数能够在关键时刻大显神通助你成功的"贵人"或陷你于困境的"小人"。所以，女人要营造良好的人际关系，就要随时随地广泛交往，重视身边的"小人物"，多结善缘。

对于"小人物"一般不要轻易得罪，不要与他们发生正面冲突，要学会与"小人物"交朋友。俗话说，多一个朋友多一条路。不要用实用主义的观点去处理与"小人物"的关系，应记住：你平时花在"小人物"身上的精力、时间都是具有长远效益和潜在优势的。在不远的将来，也许就在明天，你将得到加倍的报答。

下篇

会赚钱 ▶

第
一
章

稳赚不赔，投资自己是稳当的赚钱方法

最大的财富就是你自己

王琳有一个身价几亿的朋友，她整天都在羡慕这位朋友的富有。有一天，他们一起喝茶聊天，她才发现：原来她的这位朋友的烦恼一点儿都不比她的少。虽然她的这位朋友有几亿的身价，但是他也在为生财而苦恼，他想做房地产，却苦于拿不到地；想涉足其他行业，利润又非常低，他自己不愿意做，而利润高的他又做不了。

他们俩在感慨困惑之中悟出了一个道理，其实财富并不仅仅在于账户上所体现的数字，而是在于自己拥有多少创造财富的能力。

确实，账户上的数字并不能自己变多，只会随着日子的一天天流逝慢慢减少，但是，如果拥有能够创造财富的能力的话，就能够让自己的财富不断地增加，其实这种能力才是自己真正的财富。

在我们的生活中，很多人都会说自己的智慧、经济头脑或者投资手段什么的是自己所拥有的财富，其实大家都忽略了一点，就是大家所谓的这些"财富"其实都是人所具备的能力，如果没有人，这些东西也就无法存在，所以，归根究底，人——我们自己才是自己最大的财富。即使生来一穷二白，但是如果自己拥有很高的创造财富的能力的话，我们也会从一穷二白的境况中走出来，走向富人的阵营。

即使我们现在还没有事业，还没有足够的金钱满足我们的需要，但是我们这个人还在，只要我们能够运用自己的智慧，发挥自己的经济头脑，动用自己的投资理财手腕，那么不出几年，总会有一定数量的金钱财富进入我们的钱包，也许到那个时候我们已经是一个叱咤风云的财富大人物了。所以我们要肯定自己，要相信自己就是自己最大的财富。你想想，如果没有了我们自己，即使拥有再多的金钱，再多的事业，再多的不动产，那又有什么用呢？

上面的言论并不是子虚乌有的胡言乱语，曾经有一个很形象的比喻：我们的储蓄占一个0位，我们的股票占一个0位，我们的基金占一个0位，我们的房子占一个0位，然而我们的生命和健康却占最前面的一个1位，如果没有了这个占1位的生命和健康，后面即使有再多的0，其整体也还是一个0。

从这个比喻中，我们可以看到，我们自己是多么重要的财富，所以，在理财的同时，也要注意打理自己这个最大的财富。

在这里，对于那些"财迷"或者"工作狂"需要提出一些善意的提醒，你们的努力拼搏，一切向"钱"的本意或许是积极向上的，但是不要忽略了最重要的一点——你们自身才是最大的财富。当你们在肆意挥霍自己的身体资源去赢取金钱财富的时候，你是否意识到休息和享受生活对于你的意义？想想上面的比喻，就要明白在赚取金钱财富的同时，也要打理好、保护好自己——这个人本身。

身为现代女性，我们的财富生涯规划常常赶不上时代的变化，也赶不上观念的变化，但是又有什么关系？只要我们知道最大的财富就是我们自己，懂得投资自己，让自己每个月都有点儿技术性的成长和进步，对自己持续投资和经营，财富自然就会源源不断，我们的日子就会越活越有信心！那么，该如何理好自己本身这个最大的财富呢？

首先，我们要肯定自己，肯定自己的能力，不要总是窥视父母的遗产，或者总是妄想着天上掉馅饼的美事，这样的财富规划很不现实，也很不牢靠，我们要依靠自己的双手和智慧争夺天下，脚踏实地地为自己带来更多的财富。

在我们的生活当中，经常会遇到这样的女性朋友，她们总是在抱怨，抱怨自己命不好。没有生在一个富贵的家庭当中，让自己至今没有那么多财富，以至于至今自己想理财也理不上。她们总在羡慕那些能够继承巨额家产的人，羡慕那些人天生命好，于是，理所当然地，她们开始埋怨自己的命运，埋怨自己的父母。这些女性朋友其实是不明白自己就是自己最大的财富，她们不明白父母生下了我们，给了我们宝贵的生命，这就是给了我们最宝贵的财富。所以，她们总是怨天尤人，从不在自己身上寻找原因。愚昧的人总是意识不到自己的重要性，她们总是觉得是一种神奇的外力在引导我们走向富裕，而忽视了自身的价值。其实每一个人心中都住着一个财富天使，她的成长与否完全由你来决定。如果你承认她的存在，给她成长的机会，她就会带领着你创造出成功富有的人生。所以我们要好好利用自己的这笔财富，去创造和主宰自己的幸福。

其次，就是要善于利用自己的头脑，制订出一个符合自己特色的理财计划，当然还要维护好自己的身体健康和心理健康，让自己挣来的钱有地方可花，有价值。我们要明白，钱只是为了让我们自己更好地享受生活才挣的，单就钱本身是没有任何意义的，如果为了钱而放弃生活，那实在是非常笨的行为。要知道，理财就是让我们成为金钱的主人，而不能让我们沦为金钱的奴隶。因此，要善待自己，当我们知道自己才是最宝贵的财富时，我们就不会浪费生命，不会失去希望。我们就会不断地提高自己，来最大化自己的财富。

所以，想要成为理财高手的女性朋友们，就要学会在投资理财的过程中充分发挥自己的主观能动性，合理地支配金钱的去向，把财富最大化，充分运用好自己这个最大的财富。

自己才是回报率最高的投资项目

最近很多女性朋友应该都在为理财的事情发愁，由于通货膨胀和负利率，人们不得不开始自学一些投资理财的知识。一时间，股市、基金之类的话题变得火热，房地产作为一种投资品也是越涨越疯狂。那么在这个时代，我们投资什么才是收益最高、最值得投资呢？

我们最应该投资的东西，是人。21世纪什么最贵？人才！投资一个值得投资的人，我们的收益率不是每年百分之几，而是成倍地往上翻。

在世界金融投资界享有"投资骑士"声誉的吉姆·罗杰斯说过：一生中毫无风险的投资事业只有一项，那就是——投资自我。统计表明，离开学校5年后，一个人学习的书本内容就已经过时了，即从离开校门的那一天起，他的学历价值就已经开始贬值。

我们投资股票也好，投资其他理财产品也好，都是有风险的。但是投资自己绝不会有这些问题，换句话说，我们管不住股票跌停甚至是ST，但是我们可以管住自己。

与其说投资自己是要从自己身上获得什么，倒不如说是要从自己的身上去掉什么。我们要想使自己升值，要想彻底地管住自己，要想让自己变得完美，那么我们要做的不单是去参加培训班或者学习班，而是要去掉自己的缺点。

某公司一位当初"一人之下，万人之上"的综合部经理，其事业轨迹为后来做到了一个分厂的厂长，然后又做到了综合部副经理，再后来又做到了综合部下的一个标准化中心的主管。在这样的情况下，朋友为她联络了另一个公司做经理的机会，可是她没有去。朋友问她为什么不去，她说："算来算去，工资没有现在多。"而她的年纪仅30来岁。

这是一个典型的能力与金钱的选择：跳槽就意味着到所谓的"大风大浪"中去摔打，较高的职位、另一个需要适应的公司——简单地说，跳槽意味着有利于能力的提升。

正确的观点是，对于年龄不超过 35 岁，处于成长期的人而言，人生还可以算是积累阶段，而不是收益期，此时应该把金钱看成是能力的副产品才是比较合适的。

这里就有一个人生转型期的概念，也就是说，所谓的 35 岁后，对不同的人而言是不同的，有的人在 40 岁之前都还把能力的成长看成是跳槽的主要判定依据，而有的人可能 30 岁以后就认为而立之年已过，必须以眼前收入为主产品了。

人生最大的财富是自己，所以理财最重要的是把自己打造得更有市场价值力，在所有的女性朋友的理财清单中，最优先的项目应该是自我提升，除去用于提升个人价值力的支出，接下来是家庭需要的开支，然后才是通俗意义上的投资。

那么具体说来，怎么投资自己，从哪些方面入手呢？

1. 不要放弃学生时代所学

大概很多人会说："大学里学的东西，对现在的工作一点儿帮助都没有。"如果因此就将从前所学抛诸脑后，是很可惜的。人不太可能一辈子都做同一份工作，持续花心力在学生时代所学的学科上，非但不是浪费，在转职时反而能增加选择的机会。

2. 柔性思考，多角度阅读

现今职务有细分化的趋势，在高度专业化之下，大家都竭尽所能地加强专业知识，结果造成不少人除了自己的专业之外，对其他的事都不了解。

3. 每个星期给自己一个新的挑战

心理学家表示，换穿新款式的服装或改变房屋摆设，可以给人新的刺激，具有自我启发的功效。长期处于相同的环境下，年轻人也会加速僵化衰老。所以，每个星期给自己一个新的冒险吧！买本新书，或到从来没去过的地方逛逛，给自己新鲜的刺激与活力。

4. 实际接触热门商品，思考其畅销的理由

现代社会的变化速度惊人，若不跟上潮流，只能面临被淘汰的命运。对于畅销的产品，并不一定要购买，但应该要实际去感受，思考其为什么会畅销。公司并不是图书馆，成天待在办公桌前，那真的就像在养老了，多出去走动走动吧！

5. 放假时到热闹的地方去感受时代的脉动

据统计，居上班族休闲娱乐首位的就是看电视，占五成以上，剩下三成的人则是选择睡觉。当然，在辛苦工作一周后，适当地休息是必要的，但休闲生活的品质也应该兼顾。趁休假时到百货逛逛、听听音乐会等，能够看到许多平常没有机会看到的各行各色人物，说不定还会启发新商品的构想。

6. 在星期天阅读一周的报纸

报纸中有相当多实时性的消息，是吸收情报的重要渠道。但每天一部分一部分地阅读，只是"点"的层面，利用星期天翻阅当周的报纸，对一个议题可以连接起"线"的层面，了解整个事情的来龙去脉。

7. 多和不同领域的人接触

大体而言，我们和能谈论相同话题的朋友比较处得来。但

事实上，多接触不同领域的人，听听各行各业的工作概况和甘苦，能给予头脑新鲜的刺激，活化思考，是培养情报搜集力的绝佳机会。刚开始工作的新鲜人，在增广见闻、开阔视野上是相当重要的。

从以上几个方面去投资自己，相信自己的身价会迅速提高，并且会为自己带来源源不断的金钱财富，自己在打理钱财的时候也更加轻松愉快。

为健康投资，稳赚不赔

如今，看病、教育、住房占支出的比例日益增多。生病对于人来说不仅仅是花钱的问题，还关系到自己的生命健康问题。所以，从理财的角度来讲，如果能够保持自己的身体健康，为健康投资，就可以为家里省一大笔钱。

然而令人遗憾的是，投资健康的重要性，许多人还没有意识到。在现实生活中，很多人不懂得投资健康、储蓄健康，随心所欲地透支健康、透支生命，结果弄得病魔缠身、卧床不起，自己受罪，别人受累，还要损失家里的一大笔资金，悔之晚矣！这实在是一种十分不明智的想法。

身体是革命的本钱，身体健康的重要性几乎每个人都知道，但生活中总有那么多的人辛勤地工作和打拼，而他们的辛勤工作却是牺牲了个人健康换来的。早先在日本经常出现的"过劳死"，也开始出现在我们国家。实际上，出卖一个无价之宝来换取我们又不是非常缺乏的金钱，不是相当于健康的廉价拍卖？

事业上的成功、金钱的积累固然重要，但没有了健康，一切都毫无意义。不管是娱乐圈的明星还是我们普通人，总是在看到有人出事之后才有感而发，而在平常的日子里，却很少有人专门用心去关注和思考这些问题。

假如我们的生活是一个天平，那么天平的一端放的是健康，另一端放的是事业和金钱，任何一端过重或过轻，都会影响到我们生活的质量。在今天竞争日益激烈的社会环境下，追求事业上的成功和金钱的积累已经成为一种普遍的社会愿望，而健康问题却往往被强烈的事业心和物欲所埋没。殊不知，一旦健康出现问题，不仅我们的身心要遭受折磨，数年积累的财富也要拱手送给医院。而这从理财的角度来讲，是得不偿失的。

50岁的王阿姨在一家拉链厂做工，一个月收入仅有600多元，但5年前的王阿姨可不是这个样子的。当时的王阿姨做了些小本生意，并和老公在社会上到处兼职，每月算下来，收入能达到10000多元。那时，王阿姨和丈夫不仅有20多万元的存款，还办置了两套房产。由于丈夫身体不是很好，他们没有孩子，所以经济上很宽裕，他们还计划着等几年再买个车子就可以安享晚年了。可是意外的事情发生了。

2004年，王阿姨的丈夫被检测出患有癌症，于是王阿姨东奔西走地求医，但还是没有治好丈夫的病。2006年，王阿姨安葬了丈夫，但她也成了一个无家可归的人，因为王阿姨花掉了所有的积蓄并借了10万元，被迫卖了一套房产。如今的王阿姨再没有年轻时的闯劲了，所以在别人的介绍下，她来到了这个拉链厂，干些简单的活儿维持生计，而剩下的那套房也租了出去贴补家用。

提起生活上的改变，王阿姨一直感慨："不生病比什么都好啊！"

的确，王阿姨以前的生活让别人看了都羡慕，但是因为丈夫的一场病，她不仅陷入失去丈夫的哀痛之中，还在理财上陷入困境。现实中像王阿姨这样的人不在少数。如果我们拼命挣钱，对于自己的身体不管不顾，就可能成为第二个王阿姨。

生命是脆弱的，每个人都经不起病魔的折磨，所以，从现在起，看好你的身体，不要拼命挣钱，到头来全将它耗费在看病上。所以，我们从现在开始就应当投资自己的健康。

（1）投资健康，先要投资饮食。追求高品质的生活，是现代人的生活信条；饮食，是生活的重要组成部分。食物是人体健康的基石，而饮食又最贴近我们的日常生活。所以，投资饮食是投资健康的开始。

（2）运动，带给生命更多的精彩。运动是生命的充电站，是打开健康城堡的钥匙。经常进行体育锻炼，对于我们的身心健康是大有益处的。一方面它能够增强人体的免疫力，减少感冒等感染性疾病的发生，另一方面它可以保持脑力和体力协调，是预防、消除疲劳和健康长寿的要素。

（3）好好休息，为身体好好充电。休息和运动一样重要。如果缺乏休息，身体会积劳成疾。因此，我们把休息称为是对身体的充电。每当电池快没电时，我们就要及时充电，如此才能确保它继续正常运作。人也一样，经过一天的持续工作之后，我们的能量需要进行补充，否则很难在第二天保持旺盛的精力。

你的形象价值百万

古代哲人穆格发说："良好的形象是美丽生活的代言人，是我们走向更高阶梯的扶手，是进入爱的神圣殿堂的敲门砖。"其实，良好的形象在我们理财的过程中也起了很重要的作用，特别是女性朋友，要知道，你的形象价值百万。

曾经有一位学者做过这样一个实验：他把自己装扮成一位中产阶级人士，在一个公共汽车站，他假装忘记带钱包，而又不得不赶往郊区的家。当时正值下班的高峰时段，他试着向乘客借80美分买张车票。开始的一个小时，他穿着套装但并没有打领带，结果他借到了7美元23美分；而第二个小时，他穿戴整齐，衬衫、领带都十分到位，结果他借到了26美元，其中一人还额外给了他买报纸的钱。由此，我们不难看到形象的价值。

社会心理学家也做过个这样一项试验：在对两组被试者分别加以修饰之后，使其中一组看起来风度翩翩，另一组则显得随便、邋遢，并令其分别在走路时违反交通规则。其结果：第一组闯红灯时，尾随者占行人总数的14%，而第二组的追随者只占4%。这说明，人的良好的形象具有很强的感召力，因为这些感召力的召唤，财富自然而然就会聚拢到身边来。

对于我们每一个人来说，美丽的外表都是一种成功的资本。尤其是在职场中，如果你的工作表现很好，但是，上司只注意你的同事，一点儿都不注意你，而上司的上司对你一点儿印象都没有。请问，你表现给谁看呀？什么时候才能轮到你升级加薪呢？说实在的，你要大显身手，就得争取上司的支持，并让上司的上司注意你，这样对你的事业发展才有利。一旦你的外表、你的穿着打扮给人深刻而良好的印象，许多契机就会自然而然地产生。

慧艮工作能力很强，与同事相处得也很融洽，唯一美中不足的是她的外表实在是有点儿邋遢，不爱干净。一件衣服一穿就是一个月。头发长了也不理，平时也不化妆。她也很苦恼，常常搞不懂为什么自己工作认真努力，升迁却总也轮不到她。其实谁都看得出这是因为她的外表，而不是工作能力的问题，可是谁又能开口告诉她呢？每每遇到重要的事情主管欲让她接洽，却总会担心客户"以貌取人"，认为这是一家不注意形象、不专业、不敬业的公司，所以好好的机会就给了别人。

像慧艮一样，很多追求成功的女性只注重培养能力，而忽略了对自身形象的塑造，结果必定会影响自己事业上的成功，当然也就影响了她们的收入。如果她们能静下心来，认真地树立起自己的好形象，那就好比给自己的人生打造了一块金字招牌，能够让你在风高浪险的生命历程中从容地经营人生，从容地成就人生。

其实，从心理学的角度讲人人都有呵护美、向往美、追求美的心理。这种心理引导着大家积极地爱美、扮美、学美，因此，当反映在现实中，他们就会对美的人或事物有所青睐，所以，那些拥有良好形象的人，不仅仅是女性朋友，都会比那些不注重形象的人得到的机遇更多，自然而然，她们得到的金钱将会比那些形象不良的人要多得多。其实，无论是高矮胖瘦，只要注意，总能装扮出个性的美。正如一个花园，不论色彩形体，只要是花朵就有它独特的美丽一样，每一个女性朋友都能够拥有一个令人心仪的形象。时尚达人总是这样告诫女性："没有丑女人，只有懒女人。"这就是打造美女的首要宗旨。只有你自己像个勤勤恳恳的花匠，才能培育出美丽的花朵。

其实，良好的形象并不是天生的，可以经过设计来实现。事实上，所有大企业的领导和政坛上的政治家、舞台上的艺术家一样，他们的形象都是经过设计的。一位美国企业家坦然承认："如果你认识昨天的我，那么你就会说今天的我与昨天简直判若两人。因为我现在的一举一动都经过了精心的设计。如果说我们的企业设计有什么标志性的作品的话，那首先就是我。"

另一位日本企业家也说道："我在走上经理岗位之前，公司对我进行了精心的形象设计与培训。因为我要代表一个企业，我必须抛弃原来大众所不认同的东西，比方说一些有个性的习惯等。我为此与形象专家们共同练习了 3 个多月。"

通过精心的设计与练习，丑小鸭也会变成白天鹅。但是提升形象不仅要把外表装饰得很体面，重要的是借外在表现提升内涵，而内涵的提升就需要一个长期不断修炼的过程。你必须从自己本身的条件出发，尽最大的努力，充分发挥自己的特质。外在条件永远是你的助手，只有你才是你自己形象的真正主人。

生活经验告诉我们，虽然每个女人都想追求完美的人生，但很少有人真正去注意自己在生活中、社会交往中的形象。一个注重自身形象并自觉保持好形象的女人，总能在逆境中得到帮助，也必定能在人生的旅途中不断找到发挥才干的机会，最终做到时刻用自己的风采魅力影响别人，为自己赢得越来越多的财富，最后活出了自我真正精彩的人生。

所以说，魅力外表是女人一生的资本，充分利用它不仅能给你的日常生活添色加彩，更有助于提升你的个人魅力及影响力，为自己带来更多的财富，而且在理财的道路上也会带来更多的便利。所以，女人从二十几岁就应该打造自己的魅力外表。这样，你才可以把美丽进行到底，让自己赢得更多的财富，活得更精彩。

高贵的品质是吸引财富的魅力

比尔·盖茨曾说过："你活着的每一天，都应该努力地去追求财富。只要你制造的财富是正大光明的，你就会得到所有人的尊敬与赞扬。"在这个世界上，财富是很多人想追求的。财富本身并没有任何颜色，只是因为人们追求的方式不同，让财富有了"金色"或"灰色"，甚至"黑色"等不同的颜色，但只有阳光下的财富才是最具有亮色的。那么，什么样的人追求来的财富是亮色的呢？当然只有好品质的人才会去追求阳光下的财富了，高贵的品质是吸引财富的魅力，所以提升自己的品质修养也是一种投资。

投资自己，不断地提升自己的品质修养，让自己成为一个勤奋、谦虚、坚韧、有信心、有耐性的人，这样会有助于自己尽快地登上"富人"的快车道，让自己在理财的道路上走得更加顺畅，因为人的品质本身也是一种财富。

柳荫很多年前就已经开始从银行贷款买房买车，是银行的老客户。前不久，她又去银行申请贷款，像她这样的老手，应该很容易就能够得到她想要的贷款，但是银行这次却拒绝了她。原来银行在调阅了她的信用档案后发现了她的"不良表现"：3年前，她曾经因与朋友间的借款纠纷闹到法院，被法院判决"经济赔偿"；两年前又因为邻里关系的纠纷被公安局"拘留两天"。柳荫没想到这些记录也进了她的"信用档案"，并且影响了贷款申请。

从柳荫的贷款经历中我们可以是看到，人的品质确实也是我们的一种财富。现在，很多金融机构在受理借款申请时，都会审查借款人的品质。虽然人的品质并不是能否获得贷款的唯一条件，却是向银行取得贷款的首要条件。金融界的人都知道，一个人即使经营管理、资金实力、还款能力均符合条件，但如果其"人品"不合格，那么就不能轻易地得到银行的贷款。因此，在强调建立个人信用的今天，任何一个想要理财的女性朋友，都应该努力塑造美好的"人品"形象。只有这样，当自己在理财的过程中碰到风浪时，才能及时有效地获得社会和银行、信用社的求助，才能到达胜利的"彼岸"。由此可见，优秀的"人品"是一笔重要的财富。

在某知名媒体一次关于"单位最忌讳员工哪一点"的访谈会上，许多著名老总都旗帜鲜明地把"人品"放在了第一位，并且直言：能力可以有大小，人品却容不得打折扣。闻名世界的实业家——马歇尔·菲尔德曾经说过："对于一个初出茅庐的年轻人而言，做人的首要品质是诚实、勤奋、节俭和正直。这些品质比什么都重要，他们是任何时代都不能缺少的。一个人如果没有这些品质，必定一事无成。"可见，一个人拥有一个好的品质多么重要。

不要天真地认为好的品质只是虚无的东西，高贵的品质比一百种智慧都更有价值。每个人的潜力都是无限的，有什么样的人品，就会有什么样的工作业绩与生命质量，从而带来的财富自然也就不同。因为人与人之间并没有多大不同，但财富上真正的成功者与失败者、卓越与平庸之间的迥异之处正在于他们品质的高下。高贵的品质是个人追求财富成功最重要的资本，是人核心的竞争力。具有高贵品质的人，总是会时常从内心爆发出自我积极的力量，可以说，高贵的品质是吸引财富的魅力，是推动一个人人生不断前进的动力。那么，该怎样投资自己的品质，让自己吸引更多的财富呢？

1. 拿"勤奋"来浇灌金钱的种子

在这个世界上，80% 的富豪都是由穷人变成的，而勤劳地经营却是这些穷人变成富豪的共同特点。为此，如果一个人想要投资致富，就应该养成辛勤奋斗的好习惯，完成自己的原始积累，才能在投资的路上走得更长更远！

2. 谦卑为你成为富人增添筹码

谦卑是一种促人进步的力量，一个人只有低头，才能积蓄向上攀登的力量。事实上，越是有学识、有成就的人越懂得谦卑，也正是这种谦卑的精神才促成了他们学术和事业上的成功。在投资的时候，谦卑的品性也会让人们低调地行事，在不张扬的情况下，渐渐地积累自己的财富，为你成为富人增添筹码。

3. 坚韧为你敲开财富的大门

如今社会的竞争常常是持久力的竞争，有恒心、有毅力的人往往能够成为笑到最后、笑得最好的人，对于很多投资者来说养成坚韧的品格是必需的，它可以成为你迈向财富的敲门砖。恒心和毅力是投资成功的必要条件，半途而废，浅尝辄止，成为富人的梦想就会离你越来越远。比尔·盖茨认为，巨大的成功靠的不是力量而是韧性。想要致富，你有坚忍的意志吗？当坚韧的品性不仅仅是一种品性，而成为你的一种重要的习惯的时候，你就会在生活中自由地徜徉，在投资中游刃有余地聚集自己的财富。

4. 信心，支撑投资者成功的魔杖

彼得·林奇曾经说过："动用你3%的智力，你会比专家更出色。"那些成功的投资者，之所以能够成功，在很大程度上依赖于他们的信心。你有在财富上获得成功的信心吗？

成功的投资者对于自己的成功都很有信心，这种信心对许多人来说是顽固不化、不可理喻的。但就是这样持久的信心支撑着他们忍受一次又一次的打击，坚持走下去，直到看到成功的曙光。

5. 耐性，成为富人不可或缺的素养

财富的积累是欲速则不达的事情，一夜致富有可能吗？

利用投资创造财富的力量虽然比我们想象的要巨大得多，但是投资所需花费的时间却也远比想象的要持久。投资能够缓慢而稳健地致富，若用小钱投资，想在短时间内赚取亿万的财富，任何一个富人可能都会斩钉截铁地对你说："那是完全不可能的事情！"投资需要耐心，耐心也是投资者必备的素养之一。

所以，要想在理财的道路上走得顺顺利利，就要不断地投

资自己，不断地提升自身品质，因为高贵的品质是吸引财富的魅力。

你的"卖点"，让你"钱"途无限

一种商品能够在市场上不可代替，是因为这种商品有它独特的卖点。在市场经济日益发达的今天，人也是一种商品。作为一种特殊的商品，人正在由各类学校和组织批量生产。这使得人与人之间的竞争更加激烈，能够胜出而不可代替的人都必须拥有自己的卖点——行销学上称为"独特的销售卖点"。学历不是卖点，我们有别人也有；基本技能不是卖点，外语、电脑人人都在学；经验也不是卖点，21世纪变化实在太快了，我们所谓的经验很快就会被创新的方法所代替。商品是靠卖点来争夺眼球、扩张市场的，人也一样，那些缺少卖点的人只能当替补人员。

就像商品都有商品的品牌，去商场买东西，我们宁可多花钱也要买品牌商品，就是因为品牌商品有品质的保障。如果我们也跟商品一样打造出我们自己的品牌，相信我们在财富的道路上就会所向无敌，我们的名字就代表着我们的品牌，我们的名字也就成了我们的"卖点"。

那么，我们的品牌如何得来呢？我们的"卖点"在哪里呢？其实我们都是我们自己的品牌经理，我们得为自己找个独特的卖点。学历、技能、经验，虽然听起来都不错，可这些显然还不够独特。企业老板们会认为这是每个求职者必备的敲门砖，没什么大不了。再者，职场中的绝大多数人，都把这"老三样"当"卖点"在卖，我们有十足的把握能竞争过他们吗？

所以我们不要安于原来的"水平"，要不断提升自己的价值，不要给自己设限。这种"限"不仅是指我们觉得我们能做到的高度，同时还有我们能做到的宽度。提升自己价值的过程，我们不必在意企业老板们有没有注意到，也不必计较你多做的事情会不会得到报酬。如果我们能达到这种境界，我们必然能够成为企业老板最受欢迎的那个人，那个时候，我们的财富就会滚滚而来。

一位老板曾聘用一女孩做助手，替他拆阅、分类信件。有一天，这位老板向女孩口述了一句格言："你唯一的限制就是你自己脑海中所设立的那个限制。"

这句格言在女孩心中打上了深深的烙印。从那天起她开始在晚饭后回到办公室继续工作，不计报酬地干一些并非自己分内的工作——如替老板给客户回信等。

她认真研究成功人士的语言风格，努力使这些回信和自己老板回复的一样好，甚至更好。她一直坚持这样做，毫不在意老板是否注意到自己的努力。终于有一天，老板的秘书因故辞职，在挑选合适人选时，老板自然而然地想到了这个女孩。

这位年轻女孩能力如此优秀，引起了更多人的关注，其他公司纷纷提供更好的职位邀请她加盟。为了挽留她，老板多次提高她的薪水，与最初当一名普通速记员时相比，她的薪水已经高出了原来4倍。

在没有得到这个职位之前已经身在其位了，这正是女孩获得提升最重要的原因。当下班的铃声响起之后，她依然坚守在自己的岗位上，在没有任何报酬承诺的情况下，依然刻苦训练，最终使自己有资格接受更高的职位。

这一系列幸运的事情发生在女孩身上没什么奇怪的，只因为女孩能不断提升自我价值，使自己变得不可替代，把她的卖点展现出来罢了，而随之而来的财富却远远没有停止。

现实是残酷的，为了自己的利益，每个企业老板只保留那些最优秀、最有价值的员工。正如一位老板所说的那样："我手下有 8 名销售代表，两名顶尖高手创造的销售增长额高达总数的 50%，这两个人我是丢不起的。"这两个"丢不起"的员工，就因为他们让老板发现了他们的"卖点"，成为老板"不可替代"的员工，为自己带来更多的财富。

无论是在什么领域，无论在哪一个企业，任何一个员工拥有了别人不可替代或逾越的能力，就会使自己在企业的薪水高出同行许多。正如一名企业家所说的那样，一个人拥有了别人不可替代的能力，才会使自己永远立于不败之地。具有不可替代性，就可以让自己的地位坚不可摧，财富滚滚而来。

第二章

拿下职场，是你钱包鼓起来的关键

"拿下"职场，是你钱包鼓起来的关键

想要理财的女性朋友都明白一个道理：想要理财，首先必须要有财可理。我们每个人都不可能生来就有钱，钱都需要我们去挣才能够进入我们的钱包，这样我们才能够有打理钱财的机会。所以，想要理财，就必须要让自己空空洞洞的钱包鼓起来，而"拿下"职场，是我们钱包鼓起来的关键。

36岁的罗莹莹，初中毕业后只工作了3个月，就再也不肯工作了，每天就是吃饭、看电视和睡觉，无论家里人说什么，都改变不了她的现状。每次给她介绍工作，她都找各种借口给推辞掉，不是嫌工资低，就是嫌路太远。后来，大家也就不再愿意给她介绍工作

了。现在，社会上掀起了一股理财的热潮，她也有点儿心动，但自己一点儿钱都没有，每天都是吃家里的，喝家里的，自己手里从来就没有拿过一毛钱，怎么理财呢？

确实，没有钱怎么理财呢，就像罗莹莹一样，自己毕业之后不工作，只在家里待着，吃家里的，喝别人的，自己从来没有拥有过一分钱，这样的人，即使她的理财欲望十足也没有财可供她理啊。所以，为了让自己有财可理，我们就要想方设法去挣钱。

挣钱的方式很多，可以自己创业自由挣大钱，也可以参加工作领取固定的工资，或者是用其他的方式，但是在我们的现实生活中，大部分的女性朋友都选择了参加工作来赚取自己能够"理"的第一桶金。为什么呢？因为创业是需要资金的，而身无分文的人是很难贷到款的，除非我们去"啃老"，用父母的资金来当自己的创业基金。这对于经济很宽裕的家庭来说，父母赞助女儿创业也无可厚非，但是对于大部分经济条件一般的家庭来说，这是很不经济的一件事。我们从学校里毕业、成人之后，就不应该在经济上给父母增加负担了。所以，从这个方面来说，我们还是选择参加工作赚取我们需要打理的金钱才对。所以，想要理财的女性朋友，首先就需要"拿下"职场，让自己先有了收入之后再谈理财。

黄芳芳的妈妈是一个会计师，从小就给她灌输理财的思想，因为家庭是一般的工薪家庭，所以，她深深明白依靠职场赚取自己的第一笔钱是多么重要，所以，她在大学还没有毕业的时候就已经开始了自己的职场生活——兼职跑采购。虽然做兼职的时候赚的钱不多，但是已经为她在采购业积累下了经验，所以，毕业的时候她很顺利地找到了工作，当然还是干她很有经验的采购方面的工作。她仅工作一年，靠着自己的理财能力，就已经赚到了一辆价值50万的小轿车。她现在早就已经拥有了好车、华宅，也把她的妈妈接到了身边来享清福了。

从黄芳芳的身上我们可以看到，即使拥有理财的想法，没有资金的来源，还是没有办法让自己的变得富有。就像黄芳芳，她从小就被她的妈妈灌输理财的思想，但是因为她还小，没有工作收入，所以她还是得依靠家里的支持才能够上学，也没有办法改变家庭的状况。直到她工作赚钱之后，她就运用她的理财技能，把原本有限的工作所得变成了价值50万元的小轿车，变成了后来的好车、华宅，让她的家人跟着过上了幸福美满的生活。所以，为了我们也能够顺利地进入理财的生活，我们首先要把职场拿下，让自己有金钱收入的源头。

拿下职场，赚取我们理财所必需的资金，并不是要求我们要找到一个工资很高的工作，而是不管什么职业，只要让自己能够有收入就好，当然，工资的高低也决定了我们钱包的厚薄程度。这就让很多女性朋友都产生了必须要找到一个高收入的工作的念头。因为这样，自己能够打理的初始资金就会相对来说更多一些，自己的理财也应该会更加方便和顺利一些。那么，这个能够让我们的理财更加简单的高收入的好工作好找吗？

其实，为了更好地理财，想要找到一份好的工作也没有那么困难，最重要的是让别人看到我们的长处，发挥我们的长处。从管理者的角度来说，他肯定会用一个有优势的人。所以，我们在找工作的时候要把自己的亮点亮出来，让公司的管理者看到我们是一个有优势的人，这样，他们才会给我们进入他们公司的机会。当我们进入职场之后，并不代表我们就能够理所当然地拿到我们想要打理的厚厚的金钱。

当我们进入职场以后，还要能够保住自己的饭碗，这样，我们才能够有源源不断的金钱流进我们的钱包，我们的钱包才能够鼓起来，这样我们才能够有足够的闲钱拿出去投资理财，以便带来更多的金钱财富。有些人以为辛勤劳动多干活儿就可以博得领导的赞赏，其实这是种一厢情愿的付出。领导看的是业绩，不是我们付出了多少汗水。

大家都知道，提拔之后的工资会更高，所以，聪明的女性朋友就要懂得在工作中要使巧劲，让自己尽快得到提升，为自己带来更多的金钱，让自己的理财生活更加愉快。

总之，拿下职场，在职场上如鱼得水，创下高业绩，我们才有可能获得高薪水，我们的钱包才能够鼓起来，这样理财的时候我们才能够更加放心大胆地去投资，寻找更多的开源的源头，让自己的生活变得更加幸福。

提前规划自己的职业生涯

很多人由于没有提前做好职业生涯规划，自己在找工作的时候总是很茫然，像个无头苍蝇一样到处乱窜，到头来还是没有找到自己喜欢的工作。而那些提前规划好自己的职业生涯的人，早早就为自己的职业生涯做准备，所以在毕业的时候轻而易举地找到了自己心仪的工作。工资起点高不说，还为自己节省了大把时间，让自己赚取更多的钱财。

寒露和白雪是同班同学，她们刚上大一的时候，就从师哥师姐那儿看到了求职的狼狈相，她们自己也感到前途迷茫。于是她们就一起去学校的职业咨询部门去咨询。学校的职业咨询部门让她们先做一份职业规划，白雪踏踏实实地在那里做了自己的职业规划。但是，寒露觉得自己最了解自己，还是由自己来做自己的职业规划比较好，可是真正做起来，她又不相信自己，心里总是没有一个谱。就这样，一直到她们大学毕业，寒露也没有形成自己的奋斗目标，依然是个迷茫族，找工作也不知道自己能够做什么。

而白雪由于早早做了职业规划，在大学的这4年当中，就有意地向自己的职业方向发展，还没有毕业就已经开始上班的生涯。这一点让寒露羡慕不已，自己和白雪是同班同学，成绩也不相上下，但是人家一毕业就已经能够经济独立了，而自己现在已经毕业了半年多了，还得向父母伸手要钱。为了能够尽快找到合适的工作，她再一次拜访了职业顾问，结果发现很多人也在为没有做好职业规划而受苦。她看到好些已经工作过的人也做职业规划，因为他们在取得一定成绩甚至上升到一定高度之后，又进入职业瓶颈期，走了弯路，所以现在不得已开始做新的职业规划。这让寒露更加觉得职业规划的重要性，于是很虚心地在咨询师的指导下做了职业规划，并且很快就找到了合适的工作，摆脱了寄生虫的生活。

从材料中我们可以看到，提前规划好自己的职业生涯对理财是多么重要。白雪提前做好了职业规划，就比没有规划的寒露早赚了半年多的钱。而且从材料中我们还看到了，那些没有提前做好职业规划的人，经常因为没有方向，在工作的中途会再次迷失自己，不得已只好停止赚钱，重新再寻找自己的方向。而这么一耽搁，就损失了好几个月的工资进账。而且，没有提前做好职业规划的人在职业生涯中会经常面临跳槽的可能。

林燕在上大学的时候，从来不参加职业培训之类的讲座，更不用说提前规划自己的职业生涯了。毕业之后，她闭着眼睛找了一个工作。工作了两个月之后，她发现，这个工作不仅待遇不好，而且每天无所事事，干的几乎都是一些打杂的活儿，她觉得自己干这个工作实在是大材小用了，于是她换了一个工作。第二份工作虽然工资多了一点点，但是要做的事情太多，动不动就要加班，她都没时间和同学聚会。实在受不了，林燕又把工作给辞了。后来换的这家公司自己感觉规模远远不能和前面两家公司相比，很多福利也没有，林燕觉得这家公司也不是长待的地方，于是又开始准备跳槽。就这样，林燕总是找不到自己喜欢的公司，总是不停地跳槽，一年下来，她手头一点儿积蓄也没有。

没有提前做好职业规划，在找工作的时候，免不了会茫然，这就不得不像林燕那样不停地去尝试干某个工作，接触之后发现自己不合适，就会辞职，重新找另外一个工作，这样就会让自己不停地跳槽。专家认为，跳槽也会形成一种习惯，人一旦形成了这种习惯，他在工作的时候只要不顺心，就会以跳槽来逃避。不过，如果总是跳槽的话，它就会阻碍你事业的发展，同时也会成为你财富流失的致命杀手。

就像林燕，她并不是为了追求更高的发展或者更高的薪水，而是要尽快摆脱目前的工作环境，抱着"不管新工作如何，先离开这里再说"的想法。这样的盲目跳槽不仅难以找到更好的职位，反而会浪费在原来工作中积累的各种资源，让她一而再再而三地从新手开始做起。久而久之，别人都在不断地上升，而她却还是从零开始，这也是她没有提前做好职业规划的后果。

所以，如果我们想要理财，就要提前做好自己的职业生涯的规划，不要像林燕一样把时间消耗在找工作上面，白白浪费这么多可以赚取财富种子的时间。

应对个人危机，实力才是赚钱的基础

次贷危机引起了全球性的金融危机，对老百姓最直接的影响就是"饭碗"随时可能丢失，手里的钱少了，吃、穿、住、行都严重缩水，一场不得已的节约风席卷全球。就生活在城市里的"孔雀女"来说，也不能再过着曾经衣食无忧的日子了，家里能省则省，能不花的就不花，而且自己都已经是工作的人了，怎么好意思给家里增加更多的负担呢？而且，有点儿常识的人都知道，在这种情况下，自己的工作更不能丢。

小梅是一个从小就生活在城市里的独生女。以前，她就是家里的公主，做什么事情都有爸爸妈妈宠着、惯着，她没有受过半点儿委屈，衣来伸手，饭来张口，无论是小学还是大学，花钱从来都是大手大脚。2008年，由于物价上涨，加上父亲失业了，家里的经济来源一下子少了很多，于是，所有的开支能省则省。小梅的生活也发生了改变，她有工作，但是除去每个月买名牌衣服、高级化妆品的钱，工资所剩无几，以前父母总是接济小梅的生活，现在却不能了。看到家里的情况实在不容乐观，小梅开始紧张了，如果不好好工作的话，自己面临的将是被公司开除，直接导致的后果便是生存的艰难。

其实，在我们身边会有很多这样的人，她们平时也不注意理财，凭借着家里有点儿钱，自己又是家里唯一的孩子，总是理所当然地"剥削"父母的金钱，以此来补充自己的生活。其实，许多从小生活在城市中的独生子女都面临着这样的问题，平日里大手大脚地花钱，生活费不够用有父母接济，所以从来不担心金钱的问题，对待工作也是得过且过。但是当经济不景气的时候，所有的问题都接踵而来，家里父母的生活都顾不上了，怎么可能还顾得上这个已经工作的孩子呢？

网上有这样一段描述来形容失业之后的生活："很多平时积蓄不多的白领在房主催要房租时，才猛然意识到自己失业了，没有收入了，要面临生活问题了。"有一位网友也这样描述自己的生活状态："房子租期到了，现在属于寄人篱下的日子，而以前房子的押金由于种种原因还没退还。10月中旬有个高中同学也因为失业付不起房租，我又同情她的遭遇慷慨解囊300大元。"面对这场危机，为了让我们的钱袋子不至于太干瘪，我们应该早早开始理财，随时学习，提升自己的实力，要知道，应对个人危机，实力才是赚钱的基础。

韩老师从师范毕业后一直在一所乡村小学教书，如今临近退休的她仍然是整所学校学生心目中最漂亮的老师，孩子们都觉得韩老师根本不像一个快50岁的人，无论从思想到心态，还是外表打扮，处处洋溢着亮丽的色彩，因此都愿意和她聊天。

为什么韩老师会有这么大的魅力？这就是因为实力决定了魅力。

韩老师从走上讲台的第一年开始，每年都被评为优秀教师，还多次被评为省一级的优秀教师。又能够做到与时俱进，当电脑开始流行的时候，她就开始跟着她的孩子学习用电脑，虽然都快50岁的人了，还学着年轻人在网上聊天，她是她们那个乡村小学第一个用flash做课件的老师，讲课比赛、教学成绩，总是排在第一位，每年拿到的奖金也是全学校最高的。所以不管是学生，还是同事，甚至是领导，都被韩老师的魅力所折服。

韩老师虽然是一个快退休的人了，但是因为她有强硬的实力，在学校里还担任主要的教学任务，所以，她的工资也没有缩水，加上实力高，获得全校最高的奖金也是家常便饭，这又为自己赚到了更多的"外快"，可以让自己拥有更多的资本去理财。

其实，像韩老师这么大年纪的人，完全可以依赖自己的子女，不用这么拼命地赚钱。但是，在经济危机的大环境之下，也许子女已经自顾不暇，应对这样的个人危机，还是得依靠自己。而要靠自己赚钱理财，就必须要有实力。

从韩老师的身上，我们要学到一点，要想让自己的理财成绩好一点儿，我们就要随时提高自己的实力，让自己成为一个赚钱的永动机，让自己的财源源源不断地滚进来。所以，作为城市的"孔雀女"，如果想要自己不陷入危机，就要从现在开始理财，要转变观念，不要凡事都依赖家里，学会自己独立处理问题，这样才能培养抵御风险的能力，也不至于在失去家里的经济支持后无法生存。

不仅如此，"孔雀女"还要以最大的努力去做好自己的本职工作。不要有混日子的思想，既然不论怎样都要花费时间去工作，不如将它做好。能够顺利地完成工作是保证不丢饭碗的第一步，也是保证自己能够拥有稳定经济来源的第一步。

另外，"孔雀女"还要不断地为自己充电，学习新的知识以保证自己前进而不止步。可以利用休闲时间多看一些书籍、报刊等扩充自己的知识面，在追求知识的广度的同时，注意增加深度。要知道，应对个人危机，实力才是赚钱的基础。我们身处经济危机的大环境之下，面对可能到来的裁员风波，不能等着被淘汰，而是要想办法让自己的钱包鼓起来。

将你的兴趣转化为赚钱能力

人的生命也具有与大自然一样的规律。长年累月从事固定的工作，重复同样的劳动和相似的思考，会使我们的生命单一、退化。生命中原本具有的好奇、童真、志趣、痴迷等色彩逐渐暗淡、隐退。

我们逐渐发现，虽然追求的目标越来越高、经验越来越多、成就越来越大，却反而很难开心，反而觉得生活乏味、没意思。为什么不重新找回我们的志趣爱好呢？在沉醉于经营业余爱好的过程中，我们能够恢复生命的色彩，展示生命的差异，使生命的内容更丰富。

现在，许多人只把来自办公室的成绩看成真正的成功，结果这些人唯有事业上春风得意时才会沾沾自喜，而一旦工作遇到麻烦，就感到羞辱不堪。如果我们把自尊也系于职业努力之外，工作中受挫时，就容易保持一种积极的态度。

如果将你的兴趣转化为赚钱的能力，你就能够找到另一快乐和幸福。会用兴趣赚钱的女人是最幸福的女人，也是最懂得享受生活的女人。做自己爱做的事本来就是一件快乐的事，同时还能通过自己爱做的事来赚钱，就更幸福了！

"在家做网页，既可以做自己喜欢的事，又可以挣钱，还不用担心与本职工作相冲突，何乐而不为？"这就是网上兼职主持人的普遍感受。我们知道，目前国内的网站大致可分为综合性站点及专业性站点两大类。新浪、搜狐、网易等综合性网站人气十足，其他专业网站要占领市场，则要着眼于开辟独特的市场定位。网络是青年人的世界，在15~35岁的青年人中，网络已成为他们生活的一部分。基于这一观点，许多网站开辟了新型的职业方式，网上兼职主持人就是其中的一种。

齐某就在一家女性网站的某个论坛担任版主，同时还兼任记者工作。所采访的问题都与女性朋友的家庭婚姻生活相关。用她的话说："我的感情比较细腻，比较爱倾听各种情感类的故事，而且也挺爱和心理专家交流，这份网络兼职工作，让我能够采访到很多有故事的女人，和她们共同交流，同时还能咨询心理专家，我觉得这很好。在我做兼职的过程中，对我自己的感情和婚姻生活也有了很好的认识。而且每个月还有一笔不小的收入，一举两得，何乐而不为呢？"

齐某利用现在流行的网络兼职主持人这个工作成功地将自己的兴趣——爱听情感类故事和与心理专家交流，转化成了自己赚钱的能力，她在与这些人交流的同时不仅提高了自己对生活的认识，还为自己赢得了一笔不小的收入。同样，有自己特殊的兴趣爱好，并将爱好发展为事业的魏小姐，也在享受着自己的兴趣给自己带来的快乐与财富生活。

28岁的魏小姐在一家电脑公司上班，每个月的固定收入不到3000元，可是她依旧过着非常殷实的生活。魏小姐有房有车的日子过得有滋有味。朋友开玩笑问魏小姐是不是有"灰色收入"，没想到魏小姐竟非常自豪地点点头。

原来魏小姐的"灰色收入"来自于她的兴趣——服装设计。读中学的时候，她一有空就往堂姐的服装设计室里钻，大学虽然阴差阳错地学了电脑，这种爱好却没有改变。毕业后，在陪朋友出入于各大商场、各个服装店时，她总是喜欢观察那些服装的样式、风格，而且随身还带着一个小本本，看到好的设计就顺手画下来。看得多了，逐渐就有了自己的想法。同时魏小姐还利用出差的机会四处收集各个地方、各个季节、各种群体的着装风格，再根据自己的心得，设计出新的式样。

慢慢地，她自己设计的服装图样集成了一个厚厚的册子，魏小姐当初也没想过要拿出去赚钱，是一位朋友提醒了她，那位朋友说："这么好看的设计，怎么不让服装厂生产出来呢？"于是魏小姐抱着试一试的想法，找到一家比较出名的服装厂，没想到对方看了她的设计相当满意，一下就拍板买下了她的两项设计，2万元就"轻松"到手了，更没想到的是，厂家按照这种设计先行生产了100套服装，上市以后很快就销售一空，厂家尝到了甜头，和她签了长期合同。从此，她在逛街的时候，既可以散散心，又可以轻松赚钱！

魏小姐就凭着自己对服装设计的爱好，钱赚得比她的正职还多。很多时候，我们的兴趣不单单是充当我们工作的"替补"，更重要的是它让我们在工作之余有所追求，能够从中收获快乐，因为拥有自己的兴趣爱好，我们才不会那么容易陷入孤寂落寞的空虚境地。

兴趣爱好有助于提升一个人的创意能力。拥有兴趣爱好的人的创意数量远远高于其他人。因为兴趣爱好可以界定人们在生活方式方面的选择，它可以给人们展示自己形象的机会，可以给人们以灵感，同时能使人们表达出自己的身份和特色。总而言之，因为有了兴趣爱好，一个人的精神状态就会积极起来。它一方面可以丰富个人的生活乐趣，增加你的想象和灵感；另一方面它可以缓冲调节专业工作的枯燥，让我们保持一种积极乐观向上的活力。

真正成功的人，懂得坚持自己的爱好、坚持自己的兴趣，并最终达到利用兴趣来养活自己、享受生活的美好状态。这时候的女人，既收获了兴趣爱好，又收获了金钱，就是事业上最成功的女人了。

女人一定要有一技之长

有人说："女人要有一技之长，这样当男人不要你时，你还有所支撑。"也有人说，一个女人，你可以不漂亮，但是一定要心地善良；你可以没有太多的学问，但要知道孝顺老人、照顾孩子；你也可以没有太多工资，但是要知道理财。尽管成为一个完美的女人真的不是一件容易的事，但如果我们能够尽量让自己做得完美，那就是一种最完美的状态了。而努力学习，让自己拥有一技之长，哪怕这一技再小，也能够为你的生活起到帮助作用，万一哪天你的生活窘困了，这偶然间学得的一技之长也许就能够助你一臂之力。

有的女人，会织一手漂亮的毛衣；有的女人，会拍很多漂亮的照片；还有的女人，会用细腻的笔触来记录自己的每一个成长过程；有的女人很会装扮、化妆不错；也有的女人，懂得时尚，懂得潮流；有的女人，有一手很好的厨艺，做出的饭菜总是让人赞不绝口；更有的女人，是电脑高手，会制作网页、会管理网站；还有些能干的女人，懂得做生意，能够开网店，有滋有味地赚钱过日子等，这些女人都是美丽的，至少她们都能够有一样让自己自豪的手艺，有一样可以点缀平淡日子的花朵。更重要的是，这些小小的技术，可以让这些女人拥有自信，她们对待未来是坦然的，她们知道自己的未来不是梦。

纵观多位影响世界的财智女性，从钟彬娴到郑明明，从玫琳凯到奥普拉……虽然她们都是在财富的世界里叱咤风云的人物，但无疑她们并不是每个方面都优秀的人，但她们有一个共通点，那就是她们都经营好了自己的长处。归根到底，人无完人，你不可能把每一方面都做到尽善尽美，但你总有一样最拿手，只要发现自己的长处，并把它经营好了，你就是下一个影响世界的财智女性。

在成都的西面有一所居室，设置典雅，每逢周三、周四、周六，会有四面八方的人汇集于此。吸引他们的，是博大精深的中华传统花艺，还有来自台湾的花艺教授、浣花草堂的创办者曹瑞芸。"一花一世界，一叶一乾坤"，如果没有亲眼见识曹瑞芸老师的花艺课程和作品，可能很难领略这句话里所体现的意境。通过她的一双巧手，花枝、树皮，甚至蔬菜，那些看似单薄、独立的植物经过神奇的组合，突然有了生命和意义。

本来，她到成都并不是专门为了花艺，而是为了当孩子的陪读。结果，孩子到学校上课后，平日无聊的她便学起了花艺，没想到她做出的花艺摆设在成都大受欢迎，很多女人都报名想要学习她的花艺。

慢慢地，学生的规模越来越大，客厅坐不下了。曹瑞芸索性在芳邻路买了栋房子，办起了专业的花艺培训班，即现在的浣花草堂。1000多元的学费在成都还是很有市场，曹瑞芸的学生从企业老总、花店老板到普通白领、建筑师、职业妇女……授课的地点也从成都逐步扩展到北京、深圳、重庆等地，几年下来学生近千人。她将自己的花艺技术变成了让自己致富的途径！

李敏敏，今年30岁，她是一位外资公司的秘书，平时的工作就是帮主管处理大小文件，但是下班后的她过得很精彩。她原本因为兴趣而去研读意大利语，却因为越学越有兴趣，从听得懂意大利语到能看懂意大利电影，最后干脆到意大利旅行度假，与当地人对话。她后来经由意大利人推荐，协助品牌服饰在欧洲的采购工作，经常往返于意大利与亚洲各国，从第二专长中化兴趣为工作，她的人生可说是高潮迭起。

找出自己的一技之长及培养第二专长，不但能够让自己的兴趣得到发挥，更可以增强自己的工作实力。

由此我们可以得知，成功就是利用好自己的优势。有句话说得好：再优秀的人也有缺点，而再平凡的人也有他的闪光点。

你总有一样最拿手，之所以还没有成功，是因为你还没有找到自己的闪光点，或者还没有利用好它。

很多时候你在工作中没有办法取得你想要的成就，不是你不够优秀，或者不够努力，而是你选错了平台。即使是那些看起来很笨的人，也许在某些特定的方面也具有杰出的才能。比如，柯南道尔作为医生并不著名，写小说却名扬天下。每个女性都有自己的特长，都有自己特定的天赋与素质。如果你选对了符合自己特长的努力目标，就能够成功；如果你没有选对符合自己特长的努力目标，就会埋没自己。

女性在准备施展拳脚之前，应该充分了解自己的长处和短处，对自己有个正确的认识，然后根据自己的特长进行定位，选择适合自己发展的行业。因此，女性在选择职业时需先做一番冷静的思考，这对于社会新人来说尤为重要。

你应该知道今后有哪些行业比较有发展前景，然后再分析自己是否适合该行业。如果你没有坚实的专业基础，那么做起事来便缺乏信心，出错率也会相对增加，所以选择和自己的专业或个性特质相符的事业是很重要的。

充分认识自己，做最适合自己的事。如果你找到了自己喜欢的，并且又能胜任、适合自己的事，就大胆地行动吧！相信，那里的天空一定会因为你的存在而有所不同。

逃离"女性贫民窟"

既然我们已经知道了，拿下职场是让我们能够理财的关键，那么，选择一个好的职场工作会让我们的理财生活更加幸福，所以，我们女人在挑选工作的时候要调理"女性贫民窟"。

什么是"女性贫民窟"呢？所谓的"女性贫民窟"就是指那些不适合女性工作或者是那些女性在其中没有太好的职业发展前景的行业。在我们的生活中，在各个领域，男性和女性都是有区别的，由于女性在生理和心理特点上与男性有所不同，所以，在个人职业生涯中也形成了一定的优势和劣势。

据 2006 年，美国国家科学院当时做的一份调查报告称：在如今的美国高科技领域内，女性工作者仍然属于受歧视群体，尤其在数学和工程领域体现得最为明显。专家指出："与男性科技工作者比起来，女性的薪水往往更少，提升速度也相对较慢，得到的奖励也较少，甚至很难达到领导者的位置。"另一方面，专家指出这种性别歧视，和男女之间的工作效率并不成正比。换句话来说，女性科学工作者在工作方面的优异表现，也很难更改自己在本领域的弱势地位。

从中我们可以看到，在职场中，"女性贫民窟"确实是存在的，如果我们不幸存在于这些"女性贫民窟"中，那么对我们的理财就会非常的不利。从上面的材料中我们就可以看到，女性在这些"贫民窟"中拼命地工作，到头来，薪水与付出不成正比，基本上也没有什么提升，也没有办法得到更多的奖励，这就从源头上给我们的理财带来了很大的影响。而且女人在这些"女性贫民窟"里工作，为了有个好的表现，都会比那些男性同事们更加努力地工作，这就会迫使这些女人将更多的时间花在工作上，而一个人的时间和精力是有限的，如果花在工作上的时间多了，自然而然花在其他方面的时间就会减少。而理财也是需要时间和精力的，如果我们把时间都放在工作上，就没有太多的时间放在理财上面，这样，我们理财的总体效果肯定不会好到哪里去。所以，为了我们能够更好地理财，我们在找工作的时候，一定要避开那些所谓的"女性贫民窟"之类的行业。那么，哪些行业是阻碍我们理财的"女性贫民窟"呢？

　　一般而言，像建筑或机械工程等重体力、高风险类的行业都会被称为"女性贫民窟"。它们一直是由男人统领的行业，并且也由此形成了这样的固定思维——这个行业的活儿就是男人干的。女人在这样的行业里工作，无疑是自断前程。从事这些行业一般都有体力上的要求，如长途汽车司机、建筑人员、厨师等。虽然厨师还有软件开发工程师中不乏女性，但是由于女人的体质与体力不如男性，在工作中往往要比男人更辛苦，压力更大。

　　雯雯现在在北京一家科技公司里担任软件开发工程师，她们公司只有她一个女性软件开发工程师，最近她负责的一个项目需要验收，但是项目还有很多问题，所以，她就跟着她的几个男同事一起，经常熬夜加班进行项目的研发。她每天总是12点过后才拖着疲惫的身体回家，到家的时候，倒在床上就可以立马睡着了，以前一直坚持记的账也因为工作的繁忙给搁浅了。

　　从雯雯的身上我们可以看到，雯雯虽然也能够像她的男同事那样整天熬夜加班，但是，从她的疲惫程度来看，这样的工作强度已经超出了她的体力负荷。如果她能够坚持下去，得到的最终评价也仅仅是能够胜任工作而已。如果她要想在本行业里更好地发展，恐怕是难上加难。因为工作让她疲惫不堪，最后连最简单的记账都没有能够坚持下去。所以，女性尽量不要在"女性贫民窟"中工作，这不仅不利于个人职业的发展，也不利于个人财富的积累，更不利于我们的理财工作。

这并不是对女性的歧视，产生这样的状况主要是由我们女性的生理所决定，美国哈佛大学校长劳伦斯曾经表示，女性的脑部生理结构不利于数学和科学工作。有大量证据表明女性在数学密集型任务上不如男性，这种性别不对称存在于能力分布的最上端。例如，学术能力评估测试的数学成绩前1%的学生中男女比例是2：1，前0.01%学生中的比率是4：1。从中可以看出，在数学方面，女性跟男性确实是存在差异的。当然，这并不表示每一个男性朋友都比女性朋友强，这只是一个整体的趋势而已。

既然天生就如此，我们为什么还要"强己所难"，非要逼着自己走上辛苦的道路呢？既然我们自己想要理财，何不挑一条"康庄大道"来走，非得搬一块石头来砸自己的脚呢？既然"女性贫民窟"对我们的理财会产生这么多的不利，我们为什么一定要往里面挤呢？所以，为了能够顺顺利利地理财，我们在寻找工作的时候，一定要避开这些"女性贫民窟"，如果有女性朋友已经陷入了"女性贫民窟"，而且自己过得也很辛苦的话，建议你还是赶紧逃离吧。

想办法找到自己的"赚钱密码"

有一句名言相信大家都听过："不管是黑猫、白猫，能抓到老鼠的就是好猫。"在职场中赚钱也是一样，谁说只有穿西装打领带才是正当职业，只要能够让我们赚到钱的都可以作为我们的正当职业。《福布斯》曾经公布美国最新的 400 大富豪名单，其中的许多富豪所从事的工作可是五花八门，包括制造卫浴设备、卖沙拉酱、销售杀虫剂还有吹风机。不管哪个行业都能够产生富豪，但并不是每个人从事任何职业都能够赚钱，每个人有每个人的"赚钱密码"，就像巴菲特，你让他别投资，去从事服装业，想必他也没法得到像现在这么多的财富吧。所以，为了能够拥有更多的财富，我们要想办法找到自己的"赚钱密码"。

"赚钱密码"并不是什么特别神奇的东西，它只是我们身上具备的某种素质，某种特长，或者说是某种优势。还是拿巴菲特来说吧，他对数字非常敏感，又受到家里人的影响，从小就开始做生意为自己赚钱。

巴菲特凭着自己对数字的敏感，选择了投资行业，他找到了自己的"赚钱密码"，为自己赢得了巨额的财富，在 2008 年的《福布斯》排行榜上财富超过比尔·盖茨，成为世界首富。在第十一届慈善募捐中，巴菲特的午餐拍卖达到创纪录的 263 万美元。2010 年 7 月，沃伦·巴菲特再次向 5 家慈善机构捐赠股票，依当前市值计算相当于 19.3 亿美元，这是巴菲特 2006 年开始捐出 99% 的资产以来金额第三高的捐款。他的财富让我们都很羡慕。为什么他会拥有如此多的财富呢？那是他找到了自己的"赚钱密码"，他在利用他的"赚钱密码"来赚钱。如果他明知道自己对数字很敏感，但是却选择了一个文职的工作，那么，他的财富肯定没有现在的这么多。也许有人要说，巴菲特是一个天才，我们没法跟他比，那么就来看一个我们身边的人如何利用自己的"赚钱密码"来赚钱吧。

江北大学毕业后，她没有按照父母的安排进入海南的法院工作，而是在海口开了一家盐鸡的专卖店。这是因为她从小就喜欢吃盐鸡，所以自己一直都在琢磨盐鸡的做法，她也开发出了各种口味的盐鸡。虽然海口已经有了很多家的盐鸡的专卖店，但那些都是传统的盐鸡。她凭着自己长时间来对盐鸡的各种口味的开发，很有信心地开了一家新口味的盐鸡的专卖店。

开业之后她的生意非常火爆，努力赚钱的她每个月都没有休息日，一个月营业额2万元，净利可以达到近5成。这样的收入，让不少上班族都非常羡慕。

现在，她是家族中收入最稳定的一位，自己在海口买的房子也早已缴清贷款，并且接父母同住。现在她创业只有5年，当初是用5000元创业的，现在全省加盟店已有100多家，她的一家店月营业额就有5万元。

这是我们身边普普通通的人赚钱的故事，虽然她的父母一直寄期望于她能够好好读书，长大之后能够当个法官或者律师之类的工作，但是，江北发现自己对法律方面并不感兴趣，而自己喜欢做的盐鸡却受到大家的一致认可，自己也很喜欢这个领域，所以，自己就不顾家人的反对开始了自己的盐鸡专卖店的职业生涯，没想到现在她是她们家族中收入最好的人。这是因为她找到了自己的"赚钱密码"，如果她没有找到自己的"赚钱密码"，只是把盐鸡当成自己的一样拿手好菜，而听从家人的安排去当一个法官或者律师的话，那她现在也是跟家族里其他的人一样，每天就靠着固定工资过日子。

从以上案例我们可以看到，要想赚到钱，我们就必须要想办法找到自己的"赚钱密码"。那么，该怎么找到自己的"赚钱密码"呢？方法有两个：

（1）找到自己最有机会成功的特质。很多人在开始工作的时候并没有从自身的情况出发，总是跟着潮流走，社会上哪些行业热门就往哪个行业钻，从不考虑自己适不适合那个行业的发展。其实，如果我们拥有一个很大的梦想，但是现阶段我们还不能够实现这个梦想的话，我们可以把这个梦想化小，一个阶段一个阶段地实现。但是我们要提前做好规划，通过自己最有机会成功的特质来为自己赚取更多的财富。

（2）反方向思考。如果我们正在从事的工作没办法让我们开心，而且如果暂停工作的话我们的生活也不会受到很大的影响，那么我们不如先暂停正在进行的工作，找到自己喜欢从事的工作。我们都知道，兴趣是工作的最大动力。只要能从事自己喜欢的事业，不仅不会觉得辛苦，财富反而会随着我们的热情而来。

总之，只要我们看到市场的需求，能够持续不断地为之提供服务，相信我们也能够找到专属于自己的"赚钱密码"，为自己带来源源不断的财富。

第三章

遍地开花，女人八小时外也赚钱

绣出一片财富天空

现如今，十字绣已成为一个新兴的创业热潮，喜欢十字绣的年轻人越来越多。如果你想要利用业余时间创富，也可以抓住这个大好商机，从这个时髦新潮的行当中猛赚一笔。

所谓十字绣就是在一块有格子的布上交叉打十字，绣成漂亮的图案。最近几年十字绣非常流行。

李秀英跟"绣"有缘，她二十来岁的时候就喜欢绣十字绣，挂在家里，或者是送给亲朋好友表示心意。绣了5年，李秀英突发奇想，想开一家十字绣庄。

2009年，李秀英投资了10万元，开起了十字绣庄。因为是进口的十字绣，投资算是比较大的，这些钱全部花在了进货上。因为她想着这些进口的十字绣绣线更有光泽，而且不容易起球，质量好，自然会受到顾客的欢迎。

像一幅欧洲宫廷贵妇的进口十字绣，就用了 20 多种颜色，贵妇的裙子上，还有金色的珠子，是最后绣上去的。这样一幅装好框的成品十字绣售价是 800 元，没绣好的半成品售价是 160 元。而这样的成品十字绣在小店也不在少数，其中既有李秀英闲时亲手绣的，也有的是顾客绣的，另外一部分就是李秀英请的绣工绣的。

进口十字绣的质量虽然比国产的要好，可是销售却没想象中的好，因为进口十字绣的价格是国产的 3 倍，一幅普通的半成品起码都在百元。于是，李秀云又投资了 1.5 万元，全部拿来进货，增加了国产十字绣的项目。

让李秀英意外的是，国产的十字绣更受欢迎，小店的生意好得不得了。尤其是价位在 20 元左右的小动物，更是供不应求。而国产十字绣的利润也比进口十字绣的利润高，达到了 40%。现在，国产十字绣的销量占到了 60%，进口十字绣占 40%。而除了销售十字绣的成品和半成品，李秀英还提供装裱的服务。

装裱一次，收费 200 元，通过装裱十字绣，小店又多了一项赢利，每月也能带来 3000 元的流水。为了吸引人气，李秀英还推出了更为个性的服务。像照片，也可以做，一般在 300 元左右。没想到这一招还挺受欢迎，很多人来小店为自己的小孩亲手绣幅十字绣。以月为计，小店的流水在 4 万元左右，除去 2.2 万元左右的成本及相应的税金，以及房租 4000 元、人工 1000 元，李秀英每月还能有 1.3 万元的纯利。

李秀英原本只是在业余时间绣绣十字绣，一开始并没有想到赚钱，她也仅仅是挂在家里或者是送给亲朋好友当作礼物。后来，她突发奇想，开了一个十字绣庄，为自己赢得了巨大的财富。

其实，从李秀英的创富经历中我们可以看到十字绣的巨大市场，如果你对女红也比较感兴趣，你也可以利用自己的业余时间绣绣十字绣，即使自己没有那么多的资金去开一家十字绣的店，你也可以跟卖家商量好了，在他们家买材料，然后在他们家寄卖。要知道，一件成品的十字绣的价格要远远高出你购买材料的价格。

所以，如果你有耐心又有兴趣的话，你也可以绣出一片财富的天空。

自由撰稿，"敲"出一座富矿来

随着社会的发展，多了一种叫自由撰稿人的行业。之所以称之为自由撰稿人，因为从事这种行业的人，既不是编辑、记者，也不一定是作协的会员、专业的作家，他们写稿完全由个人的意愿来决定。从事自由撰稿人这个行业，可以在不放弃原来工作的情况下利用业余时间做兼职，也可以全心全意投入进去，做一个全职的撰稿人。做自由撰稿人，不但可以满足自己的写作欲望，而且还可以得到比较可观的稿费。因为自由撰稿人的工作时间可以自由安排，工作内容由自己决定，不用看老板的眼色行事，收入也十分可观，所以现在有很多朋友都想加入这个行列。

不过，自由撰稿人和任何一种职业都一样，不是每个人都能从事这项职业，也并非只有少数的文字功底深厚的人才能做好。那么，怎样才能真正地走上写稿挣钱的道路呢？以下几点需要注意：

1. 修炼"内功"

这里面包括三个方面的问题：

（1）多读多写。一个成功的自由撰稿人其实就是一个大杂家，除了要向前人学习写作的基本功之外，还要有广博的学问，只有知得多才能写得好。除此之外，就是坚持每天要写出一定数量的文字，不管是眼前要投寄的应时作品还是暂时还没有买家的"库存商品"，总之多写为宜。一方面可以尽快提高自己的写作水平，另一方面也在无形中让自己拥有一大批随时都可能为自己带来创收的"商品"。

（2）了解时事。所有的报刊和广播电视都是政府的喉舌，所以只有了解当前政局或政府的意向，才能写出各种新闻媒体正急缺的文章。

（3）紧跟时尚。现代人的生活追求的是短、平、快，没有人会有耐心坐下来阅读一篇长篇大论，人们更关注的是生活质量问题。因此，现在的许多报刊都开设了一些时尚栏目，比如网络、都市另类、服饰、休闲、心理保健与心理调节等。这些应时的"速朽"作品有时根本就和文学不沾边，但它们却是报刊新宠，靠写这些捞外快不失一个明智之举。

2. 修炼"外功"

这里面包括两个方面的内容，一是研究媒体，二是掌握投稿技巧。

（1）研究媒体。正如向顾客推销产品是一样，必须对衣食父母有一个详细的了解，才能把自己的东西卖掉。不管是向报纸杂志投稿，还是向广播电视投稿，都要把它们相关的各个栏目研究透了，然后"对口送货"，这样才是有的放矢，不至于没有目的乱放空枪，结果钱没挣到不说，倒先赔了不少的邮资。

（2）掌握投稿技巧。一般说来，不管什么媒体，短而精的稿件更受欢迎，但并非所有的稿件都能做到这点，而编辑的时间又很珍贵，所以要想让稿子在千万篇自由来稿中脱颖而出，引起编辑的注意，那必须得有一些特殊的方法。一个短而精的说明或一个充满幽默感的自我介绍，有时均能帮上很大的忙。如果是手抄稿，字必须很好认，同时又很特别，才能给编辑一个良好的第一印象；如果是打印稿，得考虑到修改和编辑排版的方便。对于反对一稿多投的报刊，还得特别注明为独家专奉稿。对于纪实的稿件，最好配一些图片，同时还要签字盖章保证真实性，因为原则上都要求文责自负。

3. 准备"硬件"

这其实是做一个自由撰稿人的首要条件。

（1）有自己的写作空间，比如自己的工作室之类的；还得有必备的工具书，字典、辞书都要案头常备；还要有必要的办公用品：胶水、糨糊、笔墨纸张等；如果想高产高收，不妨考虑使用先进的电脑写稿，或配个几百元的打印机，或写成后通过邮件发送均可。

（2）可以通过专业的报刊投稿软件来投稿，专业的投稿软件提供了国内外的大量杂志、报刊的征稿信息跟 E-mail 地址，可以便捷地选择要投稿的媒体，然后就能将作品送到编辑的 E-mail。

如果你想做一个自由撰稿人，那你最好先为自己确定一个写作方向，不要看别人写什么自己就写什么。在做自由撰稿人之前，先要分析一下自己的长处，看看自己会什么，能写什么。就电脑文章的写作而言，有很多内容可以写，如软件应用、硬件介绍、网络知识、网页制作、游戏攻略等。但这些方面不一定都是你的强项，你可能对其中某个方面很了解，那你就只有先从这个方向发展，不要朝自己不熟悉的领域发展，不然你写的稿子肯定要被编辑枪毙。

开个网店，踏上时尚挣钱路

随着电子技术的普及，网络的发展又为我们在业余时间创富创造了机会——开个网店，踏上时尚的挣钱之路，给自己赚取更多的财富，让自己在准备 30 年后的资产的时候更加省心。

月销 8 万件服饰及配件网络商店的女卖家中有一位鼎鼎大名的超级卖家——"东京着衣"。或许有很多人可能都已经是东京着衣的客户。东京着衣目前最辉煌的战绩，就是创下 Yahoo！奇摩拍卖网站评价最高积分——5 万分，也曾创下每个月销售 8 万件女装、配件，与月营收破千万的销售纪录。以每个月销售 8 万件商品来算，平均每天要卖出 2600 件商品才行。你或许不知道，这家网络商店的老板却是一位年仅 24 岁的小女生周品均。她从学校毕业才两年，就懂得抓住商机，成为网拍达人，为自己打响了名号，赚进了不少财富。

从周品均的网店销售量我们可以看到，利用上班之后的业余时间来开个网店，既时尚又能够赚钱，为自己赚取更多的财富种子。为什么开网店会这样赚钱呢？

现在社会生活的步伐越来越快，使得人们越来越"懒"，尤其是对于那些工作了一周的女性朋友来说，周末能休息的话都不会愿意再拖着疲惫的身躯满大街逛。可是，再累也要买东西；还有工作的压力大，项目时间紧，让这些上班美眉都没法抽出逛街的时间，于是，一种新的购物方式——网购就出现了。只要大家能上网，就能足不出户购买到自己需要的、喜欢的东西，何乐而不为呢？这也就为你在业余时间开家网店创造了商机。

以网络为载体的"虚拟"店铺的运营成本很低，又有着广阔的信息发布面等优势，而且，开网店也不需要有太丰富的金融知识，不需要整日拖着疲惫的身躯朝九晚五地去上班，也不需要去面对那些不想面对的人。只要你对时尚潮流有足够的"嗅觉"，只要你懂得上网，你就可以开一家属于自己的网店，而且开网店易上手，风险低、易操作，完全可以满足你在工作之余轻轻松松赚钱的愿望。有些女性朋友可能担心进货的问题，因为网上有很多人都说进货会很难，为了找到一些独特"宝贝"，逛了一整天都找不到多少。其实你可以不用这么累也可以开家网店的，看看何霞是如何操作的。

何霞是一名外企的职员，她在网上开店已经有两年的时间了，生意一直不错。

她的网店是两年前从一位朋友那里接手过来的，店面的装修、货源联系方式和一小部分库存总共才花了何霞 500 元钱，接手后，何霞按照自己的风格简单地装饰了一下，小店便又重新开张了。

每个月月初网络发货商会将货品的样式和价格列表通过邮件发给她，她再根据顾客的喜好程度，选择要购进的商品，当收到货后，再将货款打到发货商的银行卡上，一般每个月定额汇款 3000 元左右，多退少补。

因为大多数网络供货商都提供商品的实拍图，因此，何霞只需将选好的商品图片传到网店上即可，接下来就等着顾客购买了。

何霞并没有花时间去市场上逛，她有固定的货源，每月月初在网上选购自己需要的货物就可以了。看看何霞经营网店的方式，一点儿都不难吧，她也一样是上班一族，也能够把自己的网店经营得有模有样，你为什么不可以呢？

网上开店，为女性打开了一扇通往致富道路的门，开启这扇门其实很简单，但是简单中又包含一定的技巧，不得要领地开店不但开创不了一番新天地，反而会使自己经济上受到损失。网店开起来相当快，也许一个星期就可以搞定，但是要想开一个成功的网店，那是得颇费一番功夫的。那么，开个网店需要哪些技巧呢？

1. 找到适宜通过网络销售的商品

物以稀为贵，选择商品一定不能选择那些到处都能买到的商品，那些商品既然到处都能买到，买家为什么还要上网买你的，再加上邮寄费，肯定比别处的贵，即使能卖出去，也赚不了钱。

2. 利用地区价格差异来赚钱

开店的女性朋友要从自己的身边着眼，找找自己身边丰富而其他地方没有的商品，这样才能卖个好价钱。这里也就应用了成本领先策略。

3. 做熟不做生

尽量不要涉足你不熟悉的行业，如果你热爱手工，热爱十字绣，热爱手绘，热爱创造性的事情，不妨开个相关的 DIY 店铺。特色店铺到哪里都是受欢迎的，因为特色的东西少，所以容易吸引人。

4. 从身边做起

很多刚开始的网店生意一般会很清淡，原因很简单，因为新开的网店信用低，很难被客户信任，并且网络销售平台的规则也注定了新网站的浏览量是很低的，在低浏览量的情况下，再好的产品也难以实现销售。因此，刚开始开店的时候，一定要从身边做起，这就解决了信任度的问题，因为朋友、同事是不存在信任问题的，只要产品好、服务好，就是争取老客户的最好办法。

5. 培养老客户

网络购物最缺乏的是信任感，对于购买者尤其是这样，所以只要产品好、服务好，就很容易争取到回头客。在经营的过程中，也可以适当地举办各种活动，回馈老客户的同时，也可以让你的网店热闹起来。

掌握以上几点开网店的技巧，相信你的网店会越开越红火，相信它将会为你带来更多的工资之外的财富，为 30 年后的资产积累带来更多的财富种子。

夜市练摊，赚取 8 小时之外的财富

苏女士在事业单位上班，生活富足安逸。对苏女士来说，练摊就成了一种打发闲暇时间的方式，或者说是一种新的夜生活方式。

苏女士摆摊的地点比较固定，就在自己家附近的一排门店前面，铺上一块红布，摆上一些女士包包和一些小饰物，便开始了自己的生意，这些包包、小饰物等都是从淘宝网淘来的，款式新颖，价格便宜，深得年轻女士的喜爱。苏女士来去也都没有固定的时间，想来就来，想走就走，颇为自由。

"这么热的天，下班后在家闲着也是闲着，出来透透气，顺便打发下时间，还能认识一些朋友，过把做老板的瘾。"苏女士这样总结自己练摊的初衷。

不过，苏女士表示，如果行情好，一个月下来，有时候自己摆摊赚的钱比自己的工资还高。

所以，我们不妨学习学习苏女士，在下班之后，也到夜市练摊，赚取 8 小时之外的财富。不过要想通过夜市练摊这种方式赚钱，还要有强大的心理素质才好。

马阿姨是一家医院的药房医生，按照常理，医院的工作待遇很不错，但是马阿姨和她的丈夫每天下班都会早早地出来摆摊，一直到晚上 9 点多才收摊回家。马阿姨的女儿很喜爱饰品，大学毕业后开了家专门出售复古饰品的网店，但由于如今网店竞争激烈，女儿的网店经过很长时间的经营，还是没有很大起色。马阿姨看着家中

那些堆积如山的货物，不免替女儿担心。马阿姨说："我们这个岁数，也都到了退休的年龄了，下了班除了做饭，也没有什么事儿可以干了。所以我和孩子她父亲一合计，干脆拿些饰品在附近的夜市卖一卖，卖得好了，也能给女儿减轻一些负担，而且我们俩也挺乐在其中的。"

这一卖就将近一年，他们所卖的饰品，也越发受到人们的欢迎。附近大学的女孩子们总会在晚饭后光顾一下他们的首饰摊，即使不买，也会坐下来和始终面带微笑的马阿姨聊天。有人问马阿姨："一年里，您摆摊儿大概赚了多少钱？""具体多少没有算过，但还算可以吧，平均每个月下来能赚个2000多块钱。有时候周末生意好，一天就能卖500多块钱。"马阿姨说，"摆摊的同时，我也会告诉顾客我家有个网店，有需要也可以直接从网店里买，买的多了，我们可以上门送货。慢慢地，女儿网店的生意有了很大的起色，很多顾客在摊上买完之后，就直接到网店里买了。"

"怎么没见过您的女儿呢？"记者又问。"她不好意思来，怕见到熟人。"马阿姨说，"大学毕业之后，一直没找到合适的工作，就干起了网店。慢慢来吧，趁着我们现在还能对女儿有些帮助，尽自己的力帮女儿一把。"

马阿姨的女儿就是抹不开面子，其实好多人看到夜市的繁华，也都会有这样的想法，但因为夜市练摊一般都是靠近自己生活的地段，好多人都担心看到熟人，感到尴尬。其实，不必觉得不好意思，想想自己的钱包，硬着头皮上一回就行。俗话说：一回生，二回熟，只要有了第一次经历就不会再害怕了。

白天上班，晚上下班之后，利用自己工作之余的时间出去摆摊，虽然赚的不多，但是也能够为我们赚取 8 小时之外的财富，还可以由小摊开始，慢慢做大，成为自己以后独立创业的摇篮，为自己赢取更多的 30 年后的生活资金。

抓住宠物经济时代的赚钱机会

宠物正在成为中国城市里的一个新型居民。随着养宠物的人不断增多，宠物经济也越来越受人关注。据不完全统计，以纯种狗和猫为主的宠物市场，每年的增长速度在 20% 以上。"饲养宠物赚钱"和"为宠物服务——赚宠物的钱"这两部分组成了宠物经济庞大的产业链。在宠物经济这块大蛋糕的瓜分远未尘埃落定的今天，涉及宠物的方方面面，都会成为新的创业"淘金地"，孕育着蓬勃的商机。

据有关资料显示，目前中国宠物及用品一年的交易额已超过了 100 亿元，宠物各方面的需求量以每年 15% 的速度在增长。专家预测，中国宠物市场的潜力在 150 亿元以上。不可否认，宠物行业这一全新的朝阳行业正以迅猛之势在中国的经济中显示出越来越强大的生命力，并以巨大的发展潜力吸引着众多的投资者进入这一行业。想赚钱的女性怎能错过这一大好的时机呢？

目前，与宠物有关的产业可以分为"宠物赚钱"和"赚宠物钱"两部分。"宠物赚钱"包括宠物买卖、配种以及繁殖等交易。宠物赚钱是"一锤子"买卖，只能赚一次钱，但利润较高。"赚宠物钱"包括宠物美容、医疗以及衣食住行等服务和商品销售。如制造业，包括宠物食品、药品、用品、玩具、服装等的生产；服务业，包括宠物医院、驯犬学校、寄养宠物、护理咨询等服务。宠物的衣食住行、生老病死，每个环节都有文章可做。

在上海一家著名外企公司上班的沈姗，最近正忙着为自己的"吉娃娃"犬雪米找婆家。她提出的要求可真不少，比如：要年龄相当，要品种纯正，要身体健康，还要长得漂亮，当然还有最重要的一点，要自己的雪米喜欢，否则一切免谈。她开玩笑说，这比自己找男朋友可难多了，条件也要高很多。

别看雪米这个小不点不到 3 公斤重，沈姗却特别舍得为它花钱。因为体形娇小，雪米很怕冷，沈姗家的室温常年保持在 26 度；为了把雪米打扮得更漂亮，沈姗给它准备了很多衣服。有一次，去澳大利亚出差时，她看中一件款式别致的小皮袄，虽然标价 69 澳元，但沈姗还是毫不犹豫地买下了。在沈姗的浴室里，一边是她自己的洗浴用品，另一边则是雪米的，而且雪米的用品无论从价格上还是数量上都比沈姗的多。比如 100 多元的专用牙膏，洗耳朵和眼睛的专用洗液，甚至专用的花洒，都是她从香港专程买回来的高档品。除此之外，雪米的健康也是沈姗消费的重要部分，除了每年固定 680 元的预防针，还有几十件各式各样的玩具，仅去年雪米一次生病就花去了沈珊 3000 多元。

沈姗对雪米的宠爱并不是特例。据不完全统计，养宠物的上海人基本上每个月花在爱猫宠犬身上的费用为 300 元，仅每年的养犬费用就高达 6 亿元，并且这个数额仍会继续快速膨胀。

现如今，家有宠物已成为了一种时尚。据有关部门预测，未来 10 年，中国"哈宠族"的人数将呈几何级数增长。聪明的女性如果能抓住这一机遇，下一个百万千万富翁可能就是你！

王小姐就是以养犬发家的，她从 1991 年开始投资养犬。

王小姐进入这个行业是一次偶然。当时一位邻居告诉她，一边玩狗一边可以赚钱。于是，她就花 5000 元买了一条拉萨狮子狗。这种狗一年生两窝，一窝一般 4 只左右。那时，一只小狗可以卖 1000-5000 元，这样一年下来，就赚了 3 万元。第一次投资就有了收益，让她信心大增，因此她又追加了投资。1991 年她花了 3 万元买了 3 只名狗，3 个月后，又以每只 5 万元卖出，这样不仅收回了成本，还净赚了 12 万元。

从 1991 年至 1993 年，她赚了上百万元。

2006 年正好是狗年，狗的价格猛涨，一只红色的巨型贵宾犬可以卖到 50 万元。现在，王小姐不仅拥有了自己的大型犬会，还建立了特色犬专业网站，通过养狗成了千万富翁。

民以食为天，动物也不例外。宠物食品除了饼干、饲料、干燥鸡肉、鱼虾罐头等主粮外，还有给宠物们"换换口味"的休闲食品。现在，人们对宠物不再只停留于给它们吃喝上，还要给它们穿上漂亮的衣服。宠物服装花样百出，有带帽防寒服、防水皮夹克、吉祥如意唐装等，把小宠物打扮得花枝招展。宠物用品也是种类繁多，如宠物房间、宠物玩具、食具水具、颈带牵带等。宠物的养护用品更是五花八门，有修剪指甲用的钳子，有清洁美容的牙刷牙膏，有洗澡用的沐浴液。专用宠物剃刀是 100-120 元一把，一瓶 200 毫升宠物沐浴液标价 70 元。

此外，宠物还享受着做美容、做发型、看病等服务。小狗剪一次指甲要 10 元，留个时髦的发型少说也要几十元。有些影楼还推出了宠物写真服务，虽然价格不菲，但一掷千金者大有人在。业内人士说，宠物经济已显山露水，宠物美容师、宠物医生、宠物摄影师已俨然成了一支前景看好的就业新军。

所以，聪明的女性朋友要抓住宠物经济时代的赚钱机会，让自己早日走上致富之路。

以"时"换"时"，争取更多的收入空间

也有很多的职业女性是为"自己"而工作，她们请实习生到家里帮忙看孩子，一小时支付 100 元钱，一天 5 小时，一个月 20 天的费用是 1 万元。但这 5 个小时之间，可以多写些稿子、开网络商店、做串珠首饰、卖手工饼干或是接各种类型的案子，只要能多赚几万元钱，这中间的差价，就是补贴家庭最好的收入来源。

以较少的"小时"支出金额，来换取更大的"小时"收入金额，甚至可以产生"加乘"的效果。如果你日后培养一些固定的客户群出来，固定订单与接案，将会带来更大的收益。在美国，由于近年来的经济不景气，女性在就职发展上面临着诸多困难，有越来越多的职业女性在婚后变成了家庭主妇，但有些女性却因为自己的变通，让自己在带孩子之余仍然能够赚进源源不绝的财富。

李妮曾是美国一家大公司的公关顾问，她在女儿出生后辞职回家带小孩。她发现，女儿老是把厕所的卷筒卫生纸拆下来，然后撕

得满地都是。她发现自己整天为了鸡毛蒜皮的小事忙得不亦乐乎，哪有时间实现自己的梦想？于是，她发明了一种小机关，只要插在卷筒卫生纸上，女儿就无法把卫生纸拿下来。后来，这项发明以每个7美元的价格在连锁超市和婴幼儿用品店出售，深受大家的喜爱。

谁说女人一定要因为家庭或孩子牺牲自己的梦想，甚至是理财的好机会？只要你保持"动动脑"的活力，相信你也能尽情享受身为女人的喜悦！我们要学会以时换时，争取更多收入。

算一算是排很长的队买打折商品合算，还是买不打折商品省下时间做其他事情合算？是自己在家里慢条斯理地做饭合算，还是去吃快餐合算？是将钱存到银行吃利息合算，还是购买债券合算？如此一算，我们就会将自己的时间规划得头头是道，让我们创造出更多的价值。

"时间就是金钱""时间就是生命"，这些耳熟能详的口号同样也适用于家庭理财，让时间为我们创造更多的价值。比如，家庭投资就应该多多考虑到货币的时间价值和机会成本，这就要求我们要尽可能减少资金的闲置，能当时存入银行的不要等到明天，能本月购买的债券不拖至下月，力求使货币的时间价值最大化。因为货币是会随着时间的推移而逐渐增值的，也就是说你存款时间越长、购买债券越早，就越能获取更多的价值。另外，现在有很多人都只顾眼前的利益或只投资于自己感兴趣、熟悉的项目，而放任其他更稳定、更高收益的商机流失，这种行为其实是在增加投资的机会成本。因为你选择了某一项目的投资，就相应失去了投资其他项目的机会，而你选择的项目如果并不能给你带来丰厚的利润，那么就等于增加了你的机会成本。因此，我们在投资之前，一定要对可选择项目的潜在收益进行比较分析，以求实现投资回报的最大化。

综上所述，我们在家庭理财规划中一定要充分考虑到机会成本和时间成本的因素，不仅要学会用时间换金钱，更要学会用金钱换时间。当我们投资于某一项目时，我们一定要算一算，如果我投资另一个项目的话，我的收益是多少？如果这个项目亏损的话，我的机会成本将增加多少？当我们在挥霍宝贵的时间或者是用大把的时间换一点儿没多大价值的积分、赠品的时候，我们应该仔细想一想：这样的行为到底有没有收益？我们获取的价值到底能不能弥补我们的亏损？

靠你的实力去赚钱

或许你有一张美丽的面孔，或许你有很硬的后台，或许你有贵人相助。这些在女人开始工作的时候会起到很大作用，但不要吃老本，在工作之中，这些因素就会被淡化甚至完全失去其作用。

一项职场调查显示：有78%的经理人认可"职场中性"。这说明在职场中，老板看中的是业绩和能力，而非性别。工作中，没有人因为你是"娇娇女"，会使用"泪弹"，就降低对你的要求，给你大开方便之门。职场中是没有性别可言的，一切都靠你的实力说话。

几年前，陈灵大学毕业，找了一份销售的工作，但是她始终没有摆脱自身上学期间的娇气的脾气，总认为自己刚刚步入社会，社会上的同事和客户应该把自己当小妹妹看待，不会刁难自己。她总是认为工作没什么难的，实在完不成任务对自己的主管哭诉一下就行了。

可是，陈灵错了。由于她的工作不积极主动，她负责的工作业绩直线下滑。所以主管找她谈话，她认为哭诉一下主管就会原谅她。但是，主管非但没有原谅她，还让她去重新实习。后来她明白了，工作中没有人把她当女人看，所以她要努力积累自己的工作经验，练就一身过硬的本事，靠自己的实力来说话。

在职场中，无须也不宜过多地考虑自己的性别，过分地强调自己的性别特征只会对个人发展不利。

这是一个靠实力说话的时代。有了实力，你才会被重视，工作中，你的意见和建议才会引起上级的关注。如果你没有任何本事，即使你有好的建议也不会引起重视。所以，只有让自己有了实力，才会被重视。

工作中有了实力，你可以时常体味工作的乐趣以及自己的价值，最关键的是可以获得很大的财富。有了实力，走到哪你都能找到满意的工作，而实现你挑工作，而不再是工作挑你。

女人不要期望会有金饭碗，现在的饭碗都是要靠我们的努力去争取的。例如说，随着时代的发展，完全靠外貌为资本的女性已越来越少，甚至成为不可能，就连娱乐圈这样靠脸蛋吃饭的地方，也都渐渐职业化起来。职场无情，不会因为你是女人就迁就你，不会因为你是漂亮女人就降格以求。工作中是不分男女的，女人的那一套完全吃不开。所以在工作中，女人要忘记自己的性别，像男人一样去拼搏。

事业对于女人来说也是至关重要的。工作给了女人独立的资本，家庭幸福的筹码。对于工作，我们不要"做一天和尚撞一天钟"，而应当给自己一个悬崖：想想你没有了工作之后会怎样？经济上完全靠父母接济或男友养活，没有了财政权也就没有了发言权，"吃人嘴软，拿人手短"，你就像小媳妇一样被男友所左右，即使你很听话，男友也可能会厌烦，会弃你而去；还有，没有了工作，你就没有经济来源，买不起漂亮的衣服、名牌化妆品；想去找朋友解闷，但她们都在为自己的工作忙碌，这时你的失落感就会更加强烈。

女人不要再对工作漫不经心，它是我们快乐与幸福的保证。所以，在工作中，女人要严格要求自己，做更加专业化的职业女性。

要想成为更加专业化的职业女性，就要从硬件和软件这两方面要求自己。从硬件上来说，首先是工作技能，不用说，这是工作的基础，没有工作技能，其他一切白说。软件上的要求就是大家常说的工作要有责任心、不拖延、不找借口、不为薪水而工作等，这其中大部分是工作专业化的要求，是职业女性的必备素质。

责任心是最常被提及的，它在工作中所起的作用也是非常重要的。社会学家戴维斯说："放弃了自己对社会的责任，就意味着放弃了自身在这个社会中更好生存的机会。"放弃承担责任，或者蔑视自身的责任，就等于在可以自由通行的路上自设路障，摔跤绊倒的也只能是自己。

责任就是忠诚和信守自己所负的使命，责任就是出色地完成工作。若一个人缺乏责任心，今天工作少做一点儿，明天工作质量不过关，这样的人谁还敢用？

而有关拖延、借口等工作中常见的问题，也是因为没有责任心所衍生出来的。如果我们工作再认真一些，即使与男同事完成同样的工作量，在老板眼中的印象也是不一样的。因为很多人会对女人的工作能力产生歧视和质疑，即使我们与男人打成平手，在别人眼中我们的能力也是超强的，起码超过了对同样的男同事的评价。这一招用在女人身上时深得精髓。

总之，不要以为自己是女人就可以不努力，这个世界上没有长期免费的饭票，到头来你还得为自己的懒散埋单。与其年老力衰时再努力，不如现在勇敢朝工作进军。给自己一个悬崖，切断自己心理上的后路，趁着年轻不达目的不罢休，置之死地而后生，从而成为一个独立的新时代女性。

选择自己熟悉的行业

当今社会的竞争相当激烈，业内的行家里手存活尚且不易，何况一个外行的人？什么该做，什么不该做，你不知道；哪里是陷阱，哪里是坦途，你还不知道；你只有处处被动、时时挨打的份儿。你辛辛苦苦投资的几十万元、几百万元，可能不明不白已经打了水漂。所以，要想创业做生意，就必须先从自己熟悉的方面入手。

巴菲特曾经说过："投资人真正需要具备的是正确评估所选择企业的能力。请特别注意所选择这个词，你并不需要成为一个通晓每一家或者许多家公司的专家。你只需要能够评估在你能力圈范围之内的几家公司就足够了。能力圈范围的大小并不重要，清楚自己的能力圈边界才是至关重要的。"简单地说，巴菲特所说的能力圈原则就是我们中国老百姓常说的一句话：人贵有自知之明。做你力所能及的事，做你擅长的事，做你熟悉了解的事，成功的把握肯定大多了。所以，女性朋友在追求自己的事业的时候，要坚持不熟不做，只投资你熟悉的行业。

小梅中专毕业后，一直没找到就业的机会。身为装修包工头的老爸看到宝贝女儿整天一脸愁容，就为她买回一只小狗解闷。在跟这个狗狗为伴的日子里，小梅产生了开宠物专卖店的灵感。她认为"根据形势的发展"，"玩狗"必然成为一个赚钱的新路子。

小梅向爸爸借来5万元用来投资宠物店，把宠物用品专卖店开在繁华路段，布置得也很有情调。小梅说，自己没什么特长，做生意有句俗话：不熟不做。她认为，随着都市人生活水平的日趋提高，"玩狗一族"必然会成为城市中的一道亮丽的风景线，可以说这就是一个现实的致富门路。

起初，小梅的专卖店只批发、零售宠物服装。没料到这单一的生意也出奇的红火，每天居然可以赚到30元的利润。但这个利润数字只能持平每天的开销，无盈利的店就等于失败。换言之，服务内容单一，生意再旺，效益也是有限的。小梅开始动脑筋。要发展，必须在做好原有项目的前提下扩大服务种类。随着对市场行情的深入了解，小梅觉察到宠物身上尚有许多潜在的商机值得挖掘开发。于是，她招兵买马，拓展阵容，在店里又增设了宠物美容、宠物病伤预防、宠物暂时托管业务。这番捣弄的确使店添色不少，前往光顾的客人更是络绎不绝。这让小梅平均一天下来的总营业额达 1000 多元，让其他人羡慕不已。

从小梅的经历中我们可以深切地体会到投资自己熟悉的行业是多么重要，只有在自己熟悉的行业才能够更加顺利地赚到大钱。所以，在你即将要开始追求自己事业的时候，一定要问自己熟悉哪个行业。

经营刚上轨道的食品厂的张红求财心切，马不停蹄地打算上马一些新项目。张红喜欢读书看报，知道现在专家们都在讲企业经营要多元化，也想"多元化"。她决定到一个完全陌生的行业内一试身手——办个服装厂。由于张红从来没有搞过服装，对服装行业两眼一抹黑，而她在食品行业积累的经验在服装行业又完全用不上，结果不到一年，张红的服装厂就败下阵来，而且还拖累了主业。

一个企业经营者爱学习、有上进心是好的，但张红在学习时却不善于分辨，忘记了对于一个投资新手来说，不熟不做乃是一条普遍法则。

总而言之，生意不论大小，适合自己就是最好的。只有适合自己的，才能更大地发挥自己的优势，在生意这条路上赚更多的钱。

从小钱开始，攫取你的第一笔财富

对于年轻的女人来说，人生刚刚开始，要想自己创业，手中没有足够的资金，怎么办？或许你可以从赵娜的小生意中取取经，从小钱开始，攫取你的第一笔财富。

几年前，从上海移民到美国的赵娜因为找不到理想的工作，而且手中的资金又十分有限，就打算自己做生意。"白手起家"对人生地不熟的赵娜而言太困难，于是有人建议她购买现成的生意。

按那时的行情来看，如果想买一家每周营业额在5000美元左右的街角便利店，需要3万-4万美元。可是当时赵娜手中只有1万美元，这点儿钱只够她找一家现时生意不好但有发展潜质的店。

不久，她便如愿以偿。赵娜的眼光很独到，觉得一个小生意是否有发展潜质，关键是看其生意不好是否因经营不善所致。有些便利店因为附近有太强的对手，所以营业额无法上去。而有些店则是因为品种不对路或者太陈旧，或者店面太脏、太乱，造成生意不好，这几类店就有做好生意的潜力。另外，有些店处于正在发展中的地区，比如说周围正在建造新的住宅群等，也是将来生意额可能增加的因素。

经营了一年半以后，赵娜便将她的街角便利店出售了。当年她买进这家店时，每周的营业额只有1000多美元，而经过经营整顿之后，卖出时每周的营业额已上升至3500美元左右，结果以4万美元（不计存货价）卖出。在一年半的时间内，赵娜赚了3万多美元，且在这一年半中，她每月还有一定的营业收入。

此事给赵娜很大的启发，她觉得倒腾生意显然比自己经营小生意赚钱容易得多。接着她又以3万美元买进一家同样性质的便利店，两年后以6万美元卖出。期间她还用1万美元在一个新开发的地区开了一家街角便利店，一年多后又以4万美元卖出。在短短的8年中，她转手的便利店共有6家，所取得的利润很可观。

赵娜以自己的经历告诉我们，我们可以从小钱开始，攫取我们自己的第一笔财富。做这类转手买卖的生意，关键是眼光要准，看准是将来可以升值的生意才下手，否则买下一家生意不好且无发展前景的店，不要说日后脱手难，每天苦撑着也不好过。当然了，商业眼光并非天生的，看多了经验自然就有了。对于没有买卖过小生意的人来说，只要对几十家同类型的小生意进行考察，并且分析生意好的店之所以生意好的原因，生意差的店又是哪些因素造成的，慢慢积累经验，商业眼光就自然形成了。

小生意有两个显著的优点：

1. 稳定

小生意不像房地产，受市场经济的影响很大。即便是在房地产市场非常低迷时，它也仍能保持其相对稳定的状态，投资人也不至于受其冲击而亏本。

2. 灵活

其实，每个女人的心中都有一个梦想，一个自己做老板的梦想。与其给别人打工，不如自己创业当老板。

自己创业当老板，不是像上班的时候一样，为了上班而上班。创业，不仅是为了让自己在工作之外有一份固定的收入，更是自己心中梦想的延续。所以，一旦你有创业的念头以及创业的资本，就应该对自己的创业有一个具体的计划，而不能随便开始。创业的想法是发自内心的，所以只要你开始创业之路，就要认真地对待它，不能半途而废。

第
四
章

智慧投资，理财知识助你做"财女"

投资常识是你的"宝藏之钥"

在这个大众投资的时代，人们都期望通过投资使自己的财富开花结果，为自己带来源源不断的收益，如此即使退休也不必发愁优质生活的资金来源。然而，投资并不是把资金拿来购买投资产品就可以坐等利益来敲门这么简单，而是一项需要理智地判断和应对的智慧的经营活动。

投资不能不管不顾盲目地"一头栽进去"，也不能毫无准备就"轻装上阵"，而要先为大脑"充电"，让自己掌握投资常识，再选取适合自己的方式进行投资。任何人想要通过投资获取财富，就必须具有相应的投资常识，这是进行良好投资活动的必经之路。如果说投资所能为你带来的财富是一个难以想象的巨大宝藏，那么投资常识就是你开启这价值惊人的宝藏的钥匙。

若是有人连基本的投资常识都没有就盲目开始投资，就等于没有藏宝图、没有开启宝藏的钥匙而去盲目探寻宝藏，是不可能达到目的的。有的女性朋友见别人通过投资获取了令人艳羡的收益，名牌服装、包包、首饰应有尽有，俨然一副上流社会的派头，就头脑发热、发疯似的开始投资，甚至在不知道任何投资术语、不了解投资的税务知识、不清楚市场上都有哪些投资方式和哪些类型的投资产品的情况下就进行投资。那就不仅仅是盲目行动这么简单，而是无异于自我毁灭的飞蛾扑火了，非但不能达到用钱生钱的目的，还极有可能令自己投入的资金都打水漂，被迫陷入拮据的生活状态。

学习投资常识看似不紧急，往往被投资者忽略，但它却是投资过程中最重要的事，应该在投资前就开始。我们每个人都是自己的财富增值的第一责任人，能否做好投资决策直接关系到财富的增减。想做一个好的投资者，让自己的财富增值，使未来的日子有良好的保障，我们必须多花些时间学习投资常识。

投资市场风云变幻，投资产品琳琅满目，我们要想通过选择合适的投资产品，不断规避投资风险，获取源源不断的财富，使自己30年后良好的生活有保障，就必须拥有足够的投资常识。同时，拥有必要的投资常识，还能帮助我们识别骗子不断翻新的投资骗局。

广东省公安厅公布的2011年11月份警情称：随着市场回暖，非法证券活动升温。一些不法机构和人员利用电话和互联网，假冒投资公司，以代理理财为名实施诈骗，损害股民权益。11月底，深圳警方破获的"某投资公司"诈骗案，就是以提供"股市内幕消息"以及新股上市"配送股权"为诱饵，引诱股民上当受骗。

这个案子的显著特征是骗子说辞漏洞百出、手法拙劣，但诈骗业绩颇为可观。按理说，如果酒没喝多，或者不被股市牛气冲昏头脑，不做一夜暴富的"白日梦"，只要把握住天上不会平白无故掉下馅饼这么一个常识，就可以轻易看出骗局中的破绽：稳赚不赔正是所谓"股市内幕行情"的前提，那么这么好赚的钱，骗子为何自己不赚，偏费尽周折与你分享？新股上市配送股权也是同样的道理。现在这个时代，竟然还有人相信证券市场有毫不利己专门利人的股票雷锋！

自2009年3月证监会全面开展整治非法投资咨询和非法理财以来，从打击非法投资案件的数量就可以看出投资市场骗子的确很多。虽然经过严厉打击，非法证券有所遏制，但监管部门也表示，骗子随时都有大规模卷土重来的可能。而且，国务院有关文件明确规定，"因参与非法金融业务活动受到的损失，由参与者自行承担"。因此，证监会提醒投资者增强自我保护意识和守法意识，杜绝侥幸心理，自觉远离非法证券活动，严防上当受骗。

投资常识无论是对我们识破投资骗局，还是对选择适合自己的投资方式并不断做出正确的决策使自己从投资中获利，都是必不可少的武器和工具。如果缺少投资必要的常识，我们很有可能选择了不适合自己的投资方式，甚至误中骗局，赚不到钱不说，反倒可能把自己的本金全搭进去，岂不是得不偿失？

因此，我们在进行投资前和在投资过程中，都要不断扩充与增加自己的投资常识，掌握投资的基本常识、各种投资产品的特点以及投资中的税务知识。

具有了投资常识，就等于拥有了"宝藏之钥"，就意味着我们向成功投资者的方向迈进了一步。不少女人不仅会赚钱，还懂得投资，这种拥有智慧的"薪财女"绝对是命运的征服者，她们能够为自己规划出富裕的美丽人生，尤其是通过投资积累资金确保自己退休后的生活幸福无忧。女人要想早日退休，享受温馨美好的退休时光，就要早日成为"财女"。马上行动起来，掌握投资常识，把开启宝藏的钥匙握在手里，是晋级"财女"、使退休后的优质生活早日有所保障的第一步。

正确的投资理念是你财富的护身符

在投资之前，你给自己投入的资金求取护身符了吗？但凡投资都必然伴随着风险，我们在期望获利之前，首先要做好赔钱的心理准备。我们每个人都希望通过投资获得的收益多多益善，没有人愿意赔钱，但风险是投资市场与生俱来的特点，想要获利，就必须做好应对与规避投资风险的心理准备，设定自己能够承受的损失额度。因此，每个明智的投资者都会给自己的财富戴上护身符，再进入到投资市场中去。这个财富的护身符，并非高超的投资技巧，而是正确的投资理念。

投资理念是体现投资者投资个性特征，促使投资者正常开展分析、评判、决策，并指导投资者行为，反映投资者投资目的和意愿的价值观。它由投资者的心理、哲学、动机以及技术层面所构成，处在思想和行动之间，是投资者的思想在实战中的不断磨合、来自于自身心性的升华，是一种抽象而又高度概括的东西，需要用心去体会、领悟和思考。

正确的投资理念是投资主体摆脱投资行为的盲目性而建立的经实践检验是成功的投资原则和方法，是不可能一次形成的，靠的是长期的经验累积。投资理念可以因人而异，成功的投资理念也不是完全相同的。个人投资者要选择和建立适宜自己的文化、心理条件及风险管理的投资理念，并随着市场环境的变化，不断对其进行修正和提高。只要掌握了正确的投资理念，并持之以恒，30年后人人都能使财富的种子开花结果，获得丰厚的收益，从而在退休后过上体面的优质生活。

28岁的韩文静2009年刚刚结婚，和老公买了个小户型的房子。"我属于高风险偏好的投资者。"韩文静笑着说，职业的需要要求她不能一味看重投资回报率，而更应注重投资的过程。

韩文静是民生银行武汉分行洪山支行高级理财经理、AFP，她介绍了一个著名的投资法则：100减去自己的年龄，得出的结果就是资产能配置到高风险投资中的比例。"我今年28岁，可以将72%的资产投资到高风险的投资中。"韩文静笑了，"但我自己的风险承受能力较高，所以我有80%的资金都投资在股市中。"

韩文静说的80%是指在股票账户的资金，但目前并不是全部买入了股票。从2009年1月起，韩文静就基本上空仓了。"去年的股票收益也不是太高，只有30%，主要是工作关系不允许我波段操作，只能放着不动。"韩文静介绍，她从2005年就开始做的基金定投，截止到目前的平均年化收益率达到了8%。

"基金定投准备用来做养老金，收益率不能预期太高。因为从国际上的数据来看，基金定投的平均年化收益率在6%-8%。"韩文静对她的基金定投收益十分满意。

我们在投资时，要像韩文静那样根据自己的性别、年龄、职业、性格、承受风险的能力、资金因素、投资目标等综合情况找准自己的投资定位，并形成适合自己的独特的投资理念，对于自己努力赚来的钱进行努力悉心的管理。

有人说穷人和富人只有0.1%的差距，只要穷人通过学习和努力，拥有了富人的思维和正确的投资理念，就能改变自身的不利现状，跻身富人之列。可见，形成适合自己的正确的投资理念，对于成功投资和保障30年后的生活具有非凡的意义。

有些人因为投资具有风险，就对投资望而却步。这种做法实在不可取，因为我们进行投资未必能如愿以偿地为未来积攒丰裕的退休金，但不投资只想靠有限的工资收入积攒起足够保障晚年优质生活的退休金，对工薪阶层来说几乎是不可能的。

还有的人认为自己目前没有经济压力，不需要进行投资，或对自己的投资能力不信任，认为自己"不是投资那块料"，就选择相对比较稳妥的储蓄方式，把钱存入银行。在物价持续上涨甚至可能发生通货膨胀的今天，让钱在银行睡大觉，就是浪费金钱、变相削减自己的财富。有钱人都有一个共同的理念：把钱拿去投资，用钱生钱，而不是抱着钱睡大觉。

不少人认为投资是有钱人的专利，抱着"等有了钱再说"的心态憧憬着攒够钱开始投资的那一天，而误了自己的"钱程"。投资并不是富人的专利，1000 万有 1000 万的投资方式，1000 元有 1000 元的投资方式。事实上越是没钱的人越需要强化自己的投资理念，一个人如果不养成正确投资的习惯，就永远不可能通过投资获取丰厚的收益，甚至有可能把本金都损失掉。

投资必然伴随着风险，投资前要充分考虑自己承担风险的能力，将无关痛痒的闲钱拿来投资，而不应将大部分资产都投进去，这种太过贪心的投资方式非常危险；在投资时要树立风险分散意识，有意识地规避风险，目前可供选择的投资品多种多样，需要谨记的投资原则：不要把鸡蛋全放到一个篮子里；投资时切不可贪婪，要见好就收，在合适的时机出手，无止境的欲望只会让你已经获利的事实转变成亏损的结果；同时，对于现状堪忧的投资也应该理智地加以区别，如果短期内形势有可能逆转就应该耐心等待，而如果长时间内确实没有向好的趋势就需要尽快脱手。

总之，投资理念就是这样一个个实际又抽象的实战经验，我们每个人都要根据自己的实际情况形成自己的投资理念，给自己的财富戴上护身符，为未来进行投资。

投资永远是实力说了算，而不是心眼说了算

不少人都曾有这样的经验：周围那些心眼儿活的人多数都靠着自己的小聪明在投资市场中大显身手，并通过得心应手的投资获得了可观的投资收益。这给了人们投资要靠心眼的印

象，自己想投资却觉得风险太大，自己心眼不够多，而迟迟不敢行动。

在这些人的字典里，"投资"可以解释为"投机"，他们认为投资就是以耍心眼来获取暴利。很显然，他们对投资存在着很深的误解。实际上，投资与投机存在着明显的区别。

投资指货币转化为资本的过程，可分为实物投资、资本投资和证券投资。投机则指根据对市场的判断，把握机会，利用市场出现的价差进行买卖从中获得利润的交易行为。市场上通常把买入后持有较长时间的行为称为投资，而把短线操作称为投机。

投资者和投机者最大的区别在于：投资家看好有潜质的投资产品，作为长线投资，既可以趁高抛出，又可以享受分红，收益虽不会太高但稳定持久；而投机者热衷短线，借暴涨暴跌之势，通过炒作谋求暴利，少数人一夜暴富，许多人一朝破产。通俗点来讲，投资者收益靠的是自身实力和投资产品的潜力，而投机者则乐于通过"耍心眼"来赚取差价。对于投资而言，永远是实力说了算，而非心眼说了算。

投资的行业本质就是四个字：实力投资，包括"实力"和"安全边际"的内涵。投资的实力，不仅包括投资者自身的实力，还包括其所选投资产品的潜力。在瞬息万变的投资市场上，虽然价格波动时刻存在，但投资产品长时间的平均价格总是趋于自身价值，也就是说，投资产品保值增值的能力与其自身价值息息相关。而投资者要对投资产品的潜力做出正确的判断，并在适当的时机买入，顶住风险甚至亏损的压力，直到云开月明之时，这就需要依靠投资者自身的实力了。投资者自身的实力，自然包括资金、投资常识、投资理念、投资技术和风险承受能力等方面。

王雪从财经大学毕业后，一直从事与财经有关的工作，丰富的专业知识和得天独厚的工作环境，加上这几年热闹的股市，使得她在股市中游刃有余。不论是股市火爆，还是处于震荡之中，即使在熊市，她也能依靠自己的专业知识和冷静不贪婪的心态做出明智的决策，使得投入股市的钱几年间就翻了数番。

谈到自己的心得体会，王雪说：专业技术是一方面的原因，最重要的还是包括心态在内的个人实力。炒股切忌贪婪，也不可自恃心眼灵活进行频繁不断的操作，更不宜对小道消息趋之若鹜。

无论股市如何变化，每年总有几次从底部反转的机会，而王雪就善于抓住这样的机会进场操作几次。每次进场前，她都把资金分作三部分，设好止赢点和止损点，并在实际操作中坚决按计划实行。

但是，很多女性股民并没有王雪这么明智，她们在账户资金升值已达20%、50%或更多时仍不死心、不平仓，挣多了还想再挣更多，直到跌至深套才后悔莫及。这些贪婪的投资者，就是没有弄明白投资的本质，想靠自己与市场要心眼来获取暴利，却没想到自己的实力主要是决策力不够，难免陷入"贪婪"或"跟风"的不良行动里，最后往往落入被套牢的悲惨境地。

王雪是个明智的投资者，而那些拥有不良投资行为最后被深套的女性朋友则有要心眼的投机心理，以为自己聪明、运气好，却没想到最后得不偿失。要做明智的投资决策，靠的是实力，而不是自以为聪明的小心眼。

既然实力这么重要，投资者应该如何提高自身的实力呢？

吉姆·柯林斯认为，要不断提高自身的实力，就要掌握卓越之道，必须先问问自己这个问题："你是刺猬，还是狐狸？""像刺猬的人，则把复杂的世界简化成一条基本原则或一个基本理念，发挥统帅和指导作用。不管世界多么复杂，都会用这个原则专心面对所有的挑战和进退维谷的局面。"

巴菲特是有史以来投资界最伟大的"刺猬"，他把费舍和格雷厄姆的哲学融会贯通，简化为两个关键词："护城河"和"安全边际"。"护城河"即防御实力，是持久的竞争优势，它可以说是持久的竞争实力强大到一定程度的外在体现和生动比喻。"投资"的概念与"投机"相区别，有安全边际的保护才是投资，否则就是投机，也就是说，投资的概念里已经包含了安全边际的内涵。

投资靠的是实力的比拼，而不是耍心机，投资市场上的大赢家一定是有实力且明智投资者，而不是只顾耍心眼的投机者。所以，女性朋友们不要轻易去尝试那些靠运气才能赚钱的方法，那种投机的举动无疑会让你背负更大的风险，甚至超出自己的承受能力，可能由"1%的贪婪毁坏了99%的努力的成果"。

投资是实力说了算，而不是心眼说了算！没有太多心眼的我们，只要专注于增加自己的投资常识、培养投资心态、锻炼投资判断和操作，逐渐提高自己的投资实力，就能将投资做好，保持一定的收益，就能存下丰厚的养老金，30年后就能拥有优质的退休生活。

永远不要问理发师你该不该理发

我国有句俗话，叫作"入山问樵，入水问渔"，是说做事情要首先向熟悉情况的人询问，以便对事情有实际且全面的了解、更好地做事或解决问题。然而，向投资品推销员咨询某款产品是否适合你，就像问理发师你该不该理发一样，得到的答案肯定是"这款产品就是为你量身定做的"一类肯定性的答复。

这与"入山问樵，入水问渔"不同，虽然他们也对你想要了解的情况非常熟悉，但是他们给出的建议很难足够客观，毕竟他们就是靠销售投资品吃饭，既然有人怀着想投资的心态来问，他们怎么可能拂了到手的生意呢？所以，要想做好投资，就必须积累足够的投资知识，能够对市场形势做出客观的判断，做出理性的投资决策，把自己财产的命运掌握在自己手里。

作为投资者，你首先要做的就是拥有足够的投资常识，能够做出自己的判断，参考投资品推销员或投资顾问的建议，独立进行理性的决策。因为他们的建议不一定是足够客观中立的，那么我们就不能完全听从他们给出的建议，只应把这些建议作为参考，而最后做作决策的必须是自己。而且，投资都是存在风险的，对于自己投入资金的盈亏，除了你自己没有任何人会为此负责，因此我们也要培养出独立进行投资决策的能力，为自己的财富航船掌舵。

徐嘉是一位媒体工作者，她有空时总会关心一下股市和其他投资产品。她总以小股民自居，自认资金少、胆子小，别人把股市当收割机，希望能很快就挣得盆满钵满，她却以平常心看待。

徐嘉有自己的投资顾问，还有一帮经常一起吃饭的朋友，她们聚在一起从来不谈论东家长西家短，话题最集中的就是手中的钱投资什么最容易增值，或买什么股票最好。她的朋友圈里都是投资者，大家投资的方式各不相同，但各有各的精彩。投资不仅是她们聚会的话题，也是她们的业余生活。

她总是把投资顾问的建议和朋友们的观点作为自己投资的参考，从来不迷信投资顾问，也不热衷于探听小道消息。她还有一套自己的炒股原则：固定以5万元的资金用来炒股，赚了就把利润变现，赔了也不再投入资金。她也不指望暴富，有点儿收益就行，钱放在银行存一年定期利息也很有限，股市稍有收成就比银行利息多。

徐嘉觉得自己像个捡拾麦穗的农民，总是不紧不慢地提着篮子捡剩余。不过，保守也有保守的好处，股市行情不好时她依然有10%的收益，比银行利息高好几倍。有了这额外的收入，徐嘉有不少闲钱与朋友喝茶吃饭、买打折时装，炒股也变得其乐无穷。通过良好的投资，她现在的生活质量不仅有了很好的保障，也为未来的退休生活存了不少资金。

而徐嘉的一个朋友刘奇，一直觉得理财学问博大精深，难以入门，由于久久立于门前不敢迈出第一步，对投资常识知之甚少，家庭的积蓄主要用于银行储蓄。想提高生活品质的她，听说朋友买基金赚钱了，就跟随朋友买了几只混合型基金，可收益不太乐观；后来听朋友说炒股容易赚钱，又开始涉足股市。由于对复杂多变的市场缺乏心理准备，面对各种数据和图表没有兴趣，在自己功课没有做好的情况下，耳根子又软，听人家怎么说就怎么做，几番折腾下来，反而赔了不少钱。

投资是非常个性化的行为，而每个人都会比其他人更清楚自己的实际情况，因此人们做决策不能全部依赖他人，无论是投资顾问还是其他人的建议和观点都只应该作为决策参考。只有像徐嘉那样根据自身情况和市场形势做出独立判断和决策，才能较好地保障投资决策的正确性；而像刘奇那样缺少投资常识，对朋友们的投资方式盲目跟风，还轻信各方面的信息，甚至别人怎么说就怎么做，这样盲目的投资怎么会不赔钱呢？

若是有人在投资时没有主心骨，或者耳根子软，直接把他人的建议或观点以及各方面的信息作为自己投资的决策，只能是事与愿违，非但赚不到钱，还可能因此损失惨重。

"听别人推荐"和"随大流"是新入市的投资者在投资行为中的普遍现象，这些新手多数尚未掌握基本的投资知识就急于开始投资，并对周围收益较好的投资者和专业人士存在"崇拜心理"，或者盲目相信一些网站或博客的消息和观点，以致进行投资决策时常常仅听别人推荐或追随大多数人进行购买。这是投资者对自己的判断和决策能力缺乏自信的表现。

投资者要树立对自己投资能力的自信，最关键的是要有足够的投资常识，对自身情况有个明确的了解，清楚适合自己的投资产品，设定实际的投资目标，树立切合自己的投资理念，并在进行投资时坚决依据这些原则来进行决策。

每个人都可以是自己的投资顾问，都可以通过学习和实践培养出做自己投资顾问的能力，根据投资常识、投资理论和实践经验对当前的形势做出判断，给出自己的投资建议，做自己投资的最终决策者。

期望做拥有优质生活的"财女"，并且早日存够退休后的生活资金以便提前退休的女性朋友们，在投资时一定要记住：他人的建议和观点只能做参考，而最后做出决策的一定要是你自己。这样才会免于像问理发师你该不该理发那样得到不够客观的信息，做出正确的决策，不断有所收益，为自己30年后幸福无忧的生活积蓄足够的资金。

投资像谈恋爱，适合自己最重要

投资行业有句行话："没有最好的投资产品，只有最适合客户的投资产品。"投资是我们用钱为自己赚钱的必要途径，但这并不意味着拥有的投资产品越多越好，相反投资就像谈恋爱，找到适合自己的投资产品才是最重要的，甚至可以说一辈子做好一项投资就可以了。

我国也有句老话叫："一招鲜，吃遍天"，无论是做股票，买基金，做期货，或者做房地产、书画、古董投资等，一生做好一项投资就足够令你过上美满和幸福的生活，即使30年后退休了也能有足够的资金过优质的生活。

因此，只要女性朋友用心挑选出适合自己的投资方式，总能挑出适合自己的，并且经过长期实践的检验将其做好，就可以成就自己退休后富足的晚年生活。

面对类型与品种琳琅满目的投资品市场，我们要更好地实现用钱赚钱的目的，就要选取适合自己的投资方式，必须首先全面认识自己的投资条件，根据正确的投资理念确定与自身情况相匹配的投资目标，以指导对投资方式的正确选取。

全面认识自己的投资条件，就要从性别、年龄、职业、性格、家庭状况、财务状况等方面对自己进行综合的投资评估，明确可用来投资的闲钱，初步得到自己的最优风险系数；在此基础上，还要测试自己的风险承受能力，以便根据自身性格和最优风险系数来调整投资的风险系数；接下来，就要确定与自己的综合情况相匹配的投资目标，并根据自己所能承受的风险系数来选择投资方式、确定投资产品。

刘梅有一个美满的家，夫妻恩爱，6岁的儿子懂事，有自己小户型的房子；有一份稳定的工作，虽然月薪不高，但也足以使家庭生活处于中等水平。她看着周围不少同事、朋友通过炒股赚了很多，有车有房、一身名牌、名贵皮包首饰成天换，很是眼馋，于是想拿夫妻俩多年积攒的钱来炒股。

跟老公商量之后，老公同意拿出一半的存款给她投资。刘梅就这么进入了股市，可是她对炒股也没什么了解，只能看着别人得心应手地操作，自己瞎捣鼓，常常是追涨杀跌，赔钱了还想捞回来，难免一条道走到黑，被股票套住了脖子，资产严重缩水。因此，她天天上网看财经新闻、看操盘手软件，上班惦记着股票、不能专心工作，部门评先进工作者总是没有她，工作那么多年连个中层都没混上；晚上在床上辗转反侧想股票，健康情况受了不少影响；夫妻之间也有很多关于钱的争吵，儿子说她"自私、见钱眼开，不关心我的成长了"，母子关系远不如钱，家庭的和谐氛围一去不复返。

刘梅非常后悔自己开始投资股票前根本没有考虑自己的性格和财务状况并不适合涉足风险较大的股市，而应该选择其他相对稳妥的投资方式，比如拿钱去购房出租或者出售，资产不会严重缩水，生活质量一定比现在好，也可能成为款姐了。

于是，经过慎重考虑，她决定与"八字不合"的股市趁早"分手"，狠心清仓，从股市中解脱出来，转而进行稳妥的投资。几个月后，她已经有了少许收益，身心状况大大好转，家庭又重新温馨起来，工作也步入正轨了。

尽管种类繁多、琳琅满目的投资方式让人眼花缭乱，但我们还是要擦亮眼眸认清各种投资方式的利弊，稳定心神从中选择出适合自己的投资方式。否则，像刘梅那样选择了并不适合自己的投资方式，经过长时间的投资失败，身心、家庭、工作都大受影响，甚至不堪其苦，就实在是得不偿失了。

投资是个性化极强的事，因每个人的性格、职业、收入水平、家庭状况等而有千差万别。为了便于选择适合自己的投资方式，我们不妨了解一下几类主要投资产品的特点。

黄金被称为"没有国界的货币""永不倒闭的银行"，是保值增值性好的投资方式，可以说是最安全、最重要的资产，一旦动荡来临，女人所能依靠的财富还真是"真金白银"！

债券被称为"投资者的天堂"，它安全性高、操作弹性大、变现性高，还可以在必要时充当保证金、押标金等。"两耳不闻窗外事，一心只做家务活儿"的家庭主妇，可以试试投资风险较小的债券，因为它是众多投资方式中最省心的，收益也比较稳定、可观。假如你对金融债券和公司债券实在弄不明白，就可以买相对来说最具保障的国债。

基金是一种"攻守兼备"的投资方式，虽然有一定风险，但是能带来比较大的长期收益；虽然风险较低且收益不高，但买卖基金所支付的费用几乎为零，最终能带来令人满意的回报。若是工作占用了大部分时间，家务耗费了大部分精力，不懂股票和外汇，又不甘于贫穷的女性，基金将是首选的投资方式。聪明的女人养只"金基"，能够得到"蛋"和"基"的双丰收，为自己的未来积累财富，成就幸福的财富人生。

股票具有风险和暴利，常让人想起股市的杀气腾腾，但是女人也可以成为股市中一道亮丽的风景线，股票改变的不只是女人的荷包，更多的是智慧甚至是生活方式的转变。女人在婚姻中期望与爱人白头偕老，在股市中也需要跟股票"长相厮守"，相处久了才能对它有更深的了解，分辨出它到底适合做"情人"还是"老公"。

投资外汇，实际上就是在不同的货币之间获取差价，不需要很专业的金融知识，也不一定要有很锐利的投资眼光，是一个可以轻松赚钱的投资方式。但是，外汇买卖也是具有一定风险的，要规避风险，关键是要有细腻的心思和谨慎的头脑，忌贪心、慌乱和固执。

此外，投资房产或邮票、古董等爱好品，也是不错的投资方式，安全且有意义。

不要轻视任何微小的收益率差异

李嘉诚在总结自己的投资经验时说："投资要趁早。"投资时间的长短确实会对收益带来不小的差别，那么收益率的不同又会给投资收益带来多大的影响呢？我们不妨来以表格的形式清楚地说明分别从 25 岁、35 岁、45 岁、55 岁开始每月投资 500 元，直到 65 岁，在不同年收益率情况下的收益情况。

年龄起点	5%	8%	12%
25 岁	763010	1745504	5882386
35 岁	416129	745180	1747482
45 岁	205517	294510	494628
55 岁	77641	91473	15019

从表格中我们可以看出，同样是每月投资 500 元直到 65 岁，如果从 25 岁就开始投资，最终收益将是从 55 岁才开始投资的近 10 倍，每晚投资 10 年最终收益的差异也是巨大的；而同样是从 25 岁每月投资 500 元直到 65 岁，年收益率 12% 的最终收益将是年收益率 5% 的 8 倍多，即使年收益率只有 8% 收益也将是 5% 的 2 倍多！由此可见，任何微小的收益率差异，都可能带来差别巨大的投资结果。

相同的年限投资同样数额的资金，不同的年收益率造成的收益差别究竟有多大呢？我们再来看看一个更一目了然的表格。

年收益率	5%	8%	12%
25 年	本金的 3.4 倍	本金的 10.8 倍	本金的 95.4 倍

从这个表格里，我们可以清楚地知道在其他条件相同的情况下，不同年收益率的差别对最终收益的具体影响。且不说年收益率 12% 与 5% 最终收益的差别，就连差别不大的年收益率

8% 的最终收益都将是 5% 的近 3 倍！这些数据有些让人难以置信，但收益率的微小差别造成的差异就是这么巨大！任何微小的收益率差异，都会带来投资结果的巨大差异，因为投资产品的收益是以复利形式计算的，并且在投资数额增大的情况下这种差别会更明显。

根据 2011 年 12 月中旬的消息，我国社保养老金的年均收益率低于通货膨胀率，这令刚刚步入婚姻、尚无积蓄的程英对未来退休后的生活颇为忧愁。她想，自己和丈夫必须要开始准备养老金了，但是又不知道怎么从捉襟见肘的收入里积攒，也不知道需要存多少才能满足退休后的无忧生活。

在一次和朋友的聚会中，她表达了自己的忧虑，并向从事金融行业的朋友咨询，想寻求一种每月投入较少、最终收益较多可以存养老金的投资方式。在被告知有符合需求的业务时，她又发愁资金应该怎样筹到。朋友说："你的第一个苦恼是资金不足，增加资金有几种方法，首先被考虑的就是增加收入或者减少支出，这都是扩大储蓄的方法。但是，通过这种方法加大储蓄额有一定的局限性，由于人们工作时间越来越短，离晚年越来越近，单纯增加储蓄额并不能解决问题。试想一下，如果我们用工作 25 年的收入来供养 30 年的退休生活，那么收入的一半都要存起来才能保证退休后的生活水平与现在一致，但这在实际生活中是不可能的。"

看着愁眉苦脸的程英，朋友又说："我们可以把储蓄拿来投资，灵活运用收益率就能解决问题。"程英急不可耐地问："怎么灵活运用收益率呢？""你听说过复利吗？""什么是复利？"

"复利是一种计算利息的方式，每经过一个计息期后，都要将所生利息加入本金来计算下期的利息。对业内人士来说，复利具有神奇的魔力。爱因斯坦就曾经说过'宇宙中最强大的力量就是复利'，还说过'20世纪最伟大的发现就是复利'。虽然很多人都不太重视复利，但是它所具有的力量完全超乎人们的想象！若是以年收益率为10%计算25年的复利，最后所得收益将是本金的近11倍！复利的强大力量，主要来源于收益率和时间两个因素。所以我们应该尽早开始养老金的投资，虽然投资的年收益率不一定总能达到或者超过10%，但是即使只有5%的收益率，25年之后也将是本金的3.4倍呢。这样一来，养老金的问题就解决了。"

听完朋友这一番讲解，程英心里有底了，她决定要说服老公马上开始为养老金投资，给彼此一个有保障的退休生活。

收益率的微小差别在最初一段时间是不太明显的，但是时间一长，这种差别就是天壤之别了。因为随着收益率的变高，复利效果会呈几何级数增长。也就是说，随着时间的推移，提高收益率将会使资产以令人难以置信的高速度增长，而且增长速度会越来越快。这样一来，微小的收益率差异经过长时间的复利计算，将会造成滚雪球那样的收益差别。

因此，朋友们在进行投资活动时，切不可轻视任何微小的收益率差异，否则收益和财富就会在你的轻视中离你悄然远去。有句俗话说："你不理财，财不理你。"这对投资来说是非常现实的问题，你如果不对投资中的所有事务给予足够的重视，那么投资的收益也将不重视你，投资结果就可想而知了。

女性朋友们要想较为轻松地存够养老金，就要在自己所能承受的风险范围内选取收益率相对较高的投资方式，这样既保证了现在的优质生活，又使退休后的生活幸福无忧。同时，在进行投资时还要注意选取不需要纳税的投资产品，因为理财产品是否要纳税对投资收益有较大的影响，忽视不得。目前，教育储蓄存款、国债、保险、开放式基金、人民币理财、外币理财、信托都是不用纳税的投资产品。

你的眼睛永远不能完全闭上

有的投资者认为，自己选了质量好、风险相对较小的投资产品，也打定主意要做长线投资，那么就没什么可担心的，可以高枕无忧地等着时机到来收获投资成果。面对瞬息万变的投资市场，这种太过天真的投资者，可能要大失所望了。那些投资后将眼睛完全闭上，妄图高枕无忧地美美睡上一觉，然后醒来收获投资成果的人们，肯定不知道投资市场与日常生活一样是风险无处不在的。

投资风险是指对未来投资收益的不确定性，在投资中可能会遭受收益损失甚至本金损失的风险，大体上包括购买力风险、财务风险、利率风险、市场风险、变现风险、事件风险等方面。购买力风险主要是指资本社会及经济繁荣的社会，通货膨胀显著，物价上升，货币贬值，金钱购买商品或业务的能力都会渐渐降低；财务风险是指投资者将资金投入某种投资产品后，该产品所属的公司业绩欠佳，派息减少，造成价格下跌；利率风险是指买入的债券价格受银行存款利息影响而遭受损失；市场风险是指投资产品的市场价格因经济、政治和投资者心理因素的影响常常出现波动，因价格下跌而遭受损失；变现风险是指买入的投资产品未能在合理价下卖出，不能收回资金；事件风险是指与财政及大市完全无关的，但事件发生后对投资产品价格有沉重打击。

由此我们可以知道，投资风险几乎是无处不在、随时可能发生的，也是不可避免、难以预料的。因此，投资者需要根据自己的投资目标与风险偏好，选择适合自己的投资工具，并在投资的全过程时刻关注市场形势变化和各方面的信息，以便及时正确应对。例如，分散投资是有效的科学控制风险的方法，也是最普遍的投资方式，将投资在债券、股票、现金等投资工具之间进行适当的比例分配，一方面可以降低风险，同时还可以提高回报率。

虽然汪晶只有4万元积蓄，但却拿出了2.5万元来进行多种投资，其中1万元用来炒股，用5000元买了开放式基金，用5000元换成美元来做外汇宝，还有5000元用来收集美币。她认为自己这样分配投资资金挺完美的，即使有赔有赚，综合起来肯定是赚钱的，所以平常也不怎么用心打理，当然同时进行这么多种投资也真是顾不过来。

近来，汪晶听说银行要推出个人纸黄金投资业务"黄金宝"，她的心又蠢蠢欲动——黄金是保值投资的首选方式，何乐而不为呢？于是，汪晶又毫不犹豫地加入了"黄金宝"的投资者的行列。

但是汪晶有个很大的毛病，她选取投资方式比较随意，很少经过综合考查和慎重考虑，并且无论选取哪种投资方式，她总是把钱投进去就不大管了，只等着想起来才看看行情，觉得还可以就卖出。

可是最后，一年下来，汪晶的投资成绩远没有她意想中的好，股票亏了，美元贬值，钱币市场价格没什么变化，只有开放式基金赚了钱，可惜又买少了。她觉得这样一来还不如把钱存在银行赚利息，却不想想自己根本没有真正把投资当回事，只是以过于自信的游戏态度来进行买卖，却没有真正将身心投入到投资活动中去。因为她从来都对市场形势和信息不闻不问，等于闭着眼睛投资，怎么可能如愿以偿地赚取可观的利润呢？

　　投资市场上有太多变化因素，不可能非常稳定，所以我们选取投资品后要时刻关注市场变化，而不能因为投资品的品质好就认为会稳赚不赔而不去打理，实际上没有任何一款投资品的品质好到可以让我们闭上眼睛的地步。同时，投资市场存在着难以预期的各种风险，市场形势时刻都在发生变化，即使一时正确的投资决策和行为，在市场形势变化的情况下也不见得仍旧正确。因此，我们既要选择多种投资方式分散风险，又要将资金集中在有限的几种优质投资产品上，以免篮子过多照看不过来；同时，在投资时要经常了解市场动向，不断修正自己的投资决策和投资行为，永远不能将眼睛完全闭上。

　　30年后我们退休养老，如果想过上与现在同一水平的生活，需要不少资金，既不能单纯靠社保，也不能靠儿女帮扶，靠自己最实在也最靠谱。对于想要为未来的美好生活积累资金而投资的朋友们来说，资金的安全性是最重要的，所以在投资的过程中时刻都要保持清醒，永远不能以为万无一失就完全闭上眼睛。我们不但要在投资前审慎地选择合适的投资产品，在持有和出售的过程中也要时刻保持对市场和这款产品的足够了解，以便在保障资金安全的情况下取得最大的利润，为 30 年后的生活积累丰裕的资金。

耐心等待和耐心持有同样重要

生活中有很多人是"短视眼"，投资时倾向于选取现在正处于上升趋势的产品，如果自己投资的产品短时间内没有升值甚至价格下跌，就会迫不及待地忍痛将它出手，以免给自己带来更大的亏损。这些"短视眼"认为自己这样的做法很聪明，能够较好地规避投资风险，还比较容易赚到钱。事实上是这样的吗？答案通常都是否定的。

美国超级基金经理彼得·林奇曾经有过这样一句名言："股票投资和减肥一样，决定最终结果的不是头脑，而是耐心。"对于投资而言，紧盯短期回报实不可取，长期投资才是制胜之道。没有长期持有的恒心毅力，就算再优质的产品，也很难让你获得满意的回报。正如减肥瘦身计划无论多完美，没有长时间的耐心坚持也很容易功亏一篑。

同样的，我们想要在投资中不亏损，并获得最大的收益，甚至赚大钱，就必须耐得住寂寞和庸人的质疑，一定要在可能暴涨的投资品不被人关注的时候买入，并在上涨时能够禁得住诱惑、耐心持有，抓住最恰当的时机卖出；而对于手中下跌的投资品，则要进行冷静理智的分析，根据是否有逆转的可能来区别对待，对于下跌形势极可能逆转的投资品，要做到亏得起，耐心等待逆转形势的到来。

巴菲特的投资理论告诉我们：在最低价格时买进股票，然后就耐心等待。很多知名投资人都有同样的感受——投资要耐得住寂寞。而在正确的投资理念中，良好的心态是相当重要的，耐心等待和耐心持有同样必不可少。正确的投资理念就像是一份精心设计、科学合理的减肥食谱，只有时刻铭记于心，同时又能不懈地坚持，才能最终发挥出它的真正价值。我们只有在投资中抱有良好的心态，才能耐心等待与耐心持有，直到最佳时机的到来，也只有这样，才能获得更大的投资收益，为自己30年后的生活积蓄更多的资金。

李丽是个股票玩得不错的人，她爸爸是从1992年就开始炒股的老股民，妈妈是个经济盲，几乎对经济术语一窍不通。她全家都炒股，每年年底进行全家盘点时，都是妈妈的收益率最高，李丽排中间，爸爸排名最后。刚开始他们以为纯粹是巧合，但是几年过后全家人都对此非常疑惑，就试图从各方面找出原因。

最后他们找到了原因，因为爸爸是用几十万养老钱在炒股，一下跌就浑身紧张，别人看到的是一个10%的跌停板，他看到的却是一年的养老钱没了，晚上总是难受得睡不着觉，心态很不好，因此经常追涨杀跌，虽然选的都是好股票，但是没有一只股票持有期超过3个月，一年下来做了比本金数额高20倍的交易量，却没能赚到钱。可以说，他输就输在心态上，因为亏不起而不能耐心等待。

李丽选的股票都很好，而且都是质地优良的品种，但由于她得到的信息太多，往往一只股票还没捂热就换了另一只更好的新品种，只要老股票涨了10%就很高兴地换成新品种，结果新品种不小心亏掉5%，回头看老品种却已经又涨了40%。一年下来，能赚30%就不错了。可以说，李丽赢在信息上，也输在信息上，因为信息太多、选择太多而不能耐心持有。

老太太知道自己不懂，也相信老公作为老股民选的一定是好股票，所以每年年初就买老公推荐的股票，平时既不交易也不大看行情，套牢时就不理不睬。往往半年后发现竟然涨了30%就出手了，然后就再问问老头儿有没有更好的品种，换一个再捂半年。因为老太太是拿几万块零花钱在炒股，被套得久点也无所谓，就算全赔了也不影响生活。老太太的心理素质不见得厉害，只是这钱亏得起，也等得起，心态自然不会差。

投资者可以分为三种：第一种是真正聪明、客观自信地看待市场的人，第二种是知道自己笨、有选择地做某些事而避免做另一些事的人，第三种是并不聪明却认为自己很聪明、非得去做聪明人才可以做的事的人。第二种投资人就像阿甘，知道自己"笨"，所以不浮躁，定的目标简单又容易实现，投资心态也很好，并且对自己认定的目标比较执着，往往能出人意料地成为成功的投资者。

成功投资的关键是根据自身情况确立适合自己的投资目标，并对正确的目标持续执着地坚持，耐心等待或耐心持有。如果目标总是在变，就等于没有目标。然而，执着与耐心的尺度很难把握，极易陷入冒进或保守的境地，我们在实际操作中可以把握两点：一是看自己当初看好某个投资品是不是通过自己的理智判断得到的，如果是就应该耐心等待或耐心持有，如果是受到外界片面信息的影响而做出的判断，就要慎重地对当初的决策进行审视；二是看自己当初做出判断的基础条件有没有改变，如果没有改变就可以耐心坚持，如果条件改变了就要根据当前的基础条件重新做出判断。

　　投资如减肥，恒心毅力不可缺。时间对一切都是公平的，长期投资是经得起时间检验的投资法则。投资者不妨以健康瘦身的长久心态来对待手里的投资品，就如通过合理饮食搭配和持久耐力训练打造完美体型那样，在对投资品的耐心等待和耐心持有中不断赢得属于自己的长期投资馈赠，使自己30年后的退休生活幸福无忧。